THE ART OF RISK

冒险心理学

我们如何摇摆于
风险和**稳妥**

The New Science of
Courage, Caution, and Chance

[美] 凯特·苏克尔 著 戴楷然 译

KAYT SUKEL

上海文化出版社

献给埃拉,
孩子,你是我的希望。

目 录

第一部分 冒险，当下与过去

第一章　自述："焕然一新"的冒险者 3

第二章　冒险究竟指什么 11
　　变化中的冒险概念　13
　　日常生活中的冒险概念　18
　　冒险的感情色彩　23

第二部分 天生冒险家

第三章　冒险与大脑 32
　　判断风险的大脑通路　34
　　三个系统，一条通路，多种学习过程　40
　　决策过程详解　44
　　打断通路　48
　　预测冒险行为　52
　　走也冒险，留也冒险　54

第四章　冒险与基因 57
　　影响冒险的诸多基因　58
　　如何实现风险最优化　63
　　基因也没有那么重要　66

第五章　冒险与性别... 71
　　睾丸激素的作用　74
　　冒险性别比的变化　79
　　总　结　84

第六章　冒险与年龄... 87
　　狂热冒险家：青少年　88
　　认知与行为的脱节　90
　　被夸大的回报　93
　　好主意还是坏主意　96
　　"我年纪大了，不适合这个了"　99
　　学着像青少年一样思考　102

第三部分　充分利用风险

第七章　冒险与准备... 112
　　越熟悉越大胆　115
　　刻意练习的作用　117
　　靠分析还是直觉　122
　　打开冒险之门　127

第八章　冒险与社会联系..................................... 130
　　青少年与群体压力　133
　　群体思维　137
　　家庭思维　140
　　潜在伴侣思维　143
　　冒险让我们心连心　145

第九章　冒险与情绪 148
情绪与情感　151
躯体标记与冒险　153
情绪与偏见　157
提升情绪控制水平　161
管理情绪，做出明智决定　166

第十章　冒险与压力 170
压力对大脑的影响　172
压力如何改变对风险的计算　176
承压时长与决策好坏　181
承压上限因人而异　183

第十一章　冒险与失败 188
提前规划的重要性　192
小目标的力量　195
控制感的力量　198
失败提供的宝贵经验　204
面对风险，随机应变　208

第四部分　现在和未来的冒险

第十二章　成为更出色的冒险者 213
第一课：重新理解冒险的定义　214
第二课：承认你无法改变一切　216
第三课：明确如何改变　218
第四课：采取行动　223

致　谢 227

第一部分

冒险，当下与过去

第一章　自述:"焕然一新"的冒险者

很久之前,我是个乐于冒险的人。事实上,很多人都这样看我。有人告诉我,当我还是个蹒跚学步的小孩时,我的家里人和陌生人都觉得我什么也不怕。那时的我,再高的树也敢爬,再难的拼图也拼得出来,再难相处的小朋友也敢去认识。这种"无所畏惧"的品质一直伴我长大。在长大成人后,面对任何挑战,我都会这么想:"为什么不试试呢?"我攀登高山,与鲨共舞(字面意思和比喻意义都有),去蛮荒之地徒步旅行,前往全球各地游历,还从飞机上跳过伞。我根本不记得我谈过多少次恋爱,甚至在战争期间嫁给了一位军人,从美国搬到欧洲,生了孩子。我丈夫被派遣到伊拉克时,我本可以搬回美国,找个工作或者跟家人在一起。你要是有一年必须独自带着婴儿生活,可能就会这样选择。然而,我却背起孩子去探索世界了。我们一同游历了欧洲、中东和非洲。后来,我离婚了,回到美国,一切又从头开始。我静下心来写了一本关于爱和性的书,在那期间,我甚至躺在运转着的核磁共振扫描仪中经历了一次性高潮（我那次经历在网上非常出名）。当然，这只是生活中的插曲。随着时间的流逝，面对的挑战越来越多（我的处理结果经常不尽如人意），我也全力沉浸在冒险的世界中。

在我生命中精彩的岁月里，我张开双臂拥抱各种可能性，冒各种各样的险，无所畏惧的性格在我的成就中起了重要的作用。回顾我在工作和生活中犯的严重错误，我发现生命中的磨难和成就对我有着同样大的帮助，都激发着我的潜能。

可是现在呢，作为一位压抑的、无聊的单身母亲，我是否依然算得上成功？我不确定。老实说，审视自身的境况，我觉得我目前走到的位置似乎和我那些一切求稳的朋友们差不多。但有一件事情很明显：在我不断冒险、总结失误的道路上，我丢掉了自己敢于冒险的特质。现在的我并不盼望着下一次冒险，而是盼着下一季的《法律与秩序》。我似乎正在经历"反向中年危机"。在将近40岁的年纪，我没有找个22岁的年轻男友，开着雪佛兰科尔维特超级跑车，而是参加了家庭教师协会，买了一辆家庭旅行车。当我认真审视自己的生活时，我意识到我更像是生活的旁观者，而非参与者。这让我感到苦恼，但我无力改变。

我不确定过去几年生活中的哪些变化造成了这种反向中年危机。居住环境？年龄？性别？疲惫感？单身母亲的责任，或恰恰是母亲这个身份本身？离婚后遭受重创的心灵？同龄人建议的缺失？对结果的新恐惧？还是其他因素？我不确定到底是什么。

但我需要弄明白这个问题，因为我的工作和生活都处在某种十字路口上。如果敢于冒险是过去我得以成功的关键，那么未来我也需要拥有这一特质。

我目前的工作并不像我预期的那样。和很多同龄人一样，我在事业上努力求稳，这种心态似乎是错误的。如今，我临近退休，"你不够优秀""你可能会在一贫如洗中孤苦终老"等可怕的言论充斥在我周围，很难想象要如何去选一条放弃安稳的道路。尤其在还有孩子需要抚养的时候，支付账单（而且要在公立学校体系完善的地方定居）成了一种必须完成的任务。然而，对作家来说，求稳是很乏味的。不过，沉闷乏味也是付清每月账单需要付出的代价。

如果求稳心态没有过度影响我生活的其他方面，也许我对工作就不会抱有如此消极的看法。可是，这种心态的确影响了我的感情生活。自离婚以后，我像躲避瘟疫一样躲避浪漫关系。我和很多人约会过，并试图维持过几段特意设定边界的假恋爱关系。不过，那些边界挡住了真诚沟通与联系的可能。尽管我遇到的男性大多很出色，但我总刻意跟他们保持一定的距离——字面意义上的。于是，我逐渐发现，我更喜欢身处异地、最好和我家连邮编都不同的男性，因为我不用把他们介绍给我的儿子或家人，不用邀请他们来我的城市，更别提来我家了。这样，我就可以完全按照自己的想法处理我们的关系；更重要的是，这保证了我不用担心我们会发展成亲密关系。这些严格的要求保证了我的安全，也将那些男人拒之门外。一旦他们暗示着想获得某种承诺，或是试图突破我设定的边界，我便会尽最大努力结束这段关系。

不过，有一个男人让我重新思考自己处理两性关系的方式。在不到一个月的时间里，我毫不犹豫地为他打破了所有规定。我不想把自己描绘成坠入爱河的无知少女，但跟他在一起时，我竟然像在学生时代一样怦然心动。从我们认识以来，他的成熟与绅士就获得了我母亲的称赞，赢得了我儿子的好感，他也屡次受邀来我家做客。上周，他突然告诉我："我想和你结婚，越快越好。希望你也这样想。"面对如此令人震惊的消息，我没立即答复他，但我也没觉得他说出这样的话很疯狂，尽管我事后回想起来，发现我们才认识六周。

所以你应该知道我为什么需要更好地理解冒险了。诚然，求稳会给人安全感，但这种心态能让我实现心中所想吗？我是否需要改变目前的工作模式，从事我更热爱的工作，哪怕那些工作与我的底线相悖（而且会让我支付不起房屋维护和球鞋防滑钉的费用）？考虑到我的第一段婚姻结局很不幸，我是否应该这么快就考虑再婚？新的婚姻无论成功还是失败，又会如何影响我的孩子呢？我应该优先考虑走出舒适区吗？现在，我身上背负着许多责任。我应该如何选择才能在风险中获益，而不是利益受损呢？

很久之前，我是一个冒险者。当我为未来做规划时，我也想再次成为一个冒险者。不过，这次我想做个聪明的冒险者，毕竟我还得保护我的孩子、房子、工作、个人声誉、存款和内心。我逐渐明白，开着跑车横冲直撞不会让我开心，而令我更有活力的工作、更顺利的恋爱、更快乐的孩子则可以。当我面对目前生活中的挑战和风险时，我知道有很多因素在影响它们，可我不知道关注哪些因素才能让我做出最优选择。

数世纪以来，心理学家一直在研究决定的艺术。这里我特意用了"艺术"一词。因为本书中的一个普遍观点是，人们在面对风险时很难做出正确、理性的决定。我们不擅长预测可能出现的结果，排斥模棱两可的决定，宁愿一厢情愿地相信美好的故事也不愿接受不完美的现实。我们明知相关不等于因果，但在实际生活中却没兴趣分辨二者。简单地说，做决定时，尤其是在有风险的情况下，我们总会关注错误的因素，容易受到会导致我们误入歧途的决定偏见、突发奇想和认知捷径的影响。

我可不想误入歧途。我想明智地处理风险，想知道何时应冒险、何时应求稳，想弄清哪些因素影响了我以前的冒险行为（不论结果好坏），又有哪些因素阻碍了我现在的选择。如果可以的话，我还想要一些指导——面对生活中决定我们个人和事业成功的更复杂、更棘手的境况和选择，我应该优先考虑什么。

这些答案会使你受益。科学家们也正在用新的手段和方法寻找这些问题的答案。

如今，更加细分的决策神经科学集合了心理学、管理学、经济学、基因学、流行病学、进化学和神经生物学等学科的研究。这一领域致力于研究我们做决定时的头脑活动，我们以何种方式、在哪个阶段、为何偏离了最优决定。研究人员正在探索不同的基因、神经化学物质、大脑通路、基因表型和激素如何影响我们的决策过程。

研究人员重点关注中脑边缘通路。这是大脑中较为复杂的通路，连接了基底节（位于脑干附近的皮层下区域的集合体）和大脑中的情感、记忆中枢与前额叶皮层（大脑的控制中心）。这一区域通常被称为大脑的"回报通路"。但这一说法并不完全正确。东北大学（Northeastern University）的著名神经科学家克雷格·费里斯（Craig Ferris）将这一区域称为大脑的"激励系统"。"这一区域评估某些行为带来的风险与回报，"他表示，"同时也对人体某些行为的特定结果做出预测。"

风险与回报。所以，通过研究这一大脑通路，科学家可以洞悉大脑如何权衡风险以及这些考虑如何影响决策行为。尽管神经科学家总是告诉人们，大脑指导了我们几乎每一次行为和决定，但仅仅从神经学意义上理解大脑通路的运作机制，根本无法为我们的决策行为提供有价值的意见。即使某项科学研究提供了有价值的信息，人们也无法轻易得知该何时以及如何应用这些观点。

正因为很多人害怕冒险（就像我现在的状态一样），所以我们都钦佩冒险者。我们每天都在仰慕英雄、打破常规者和寻求刺激者。这些冒险者用胆量和勇气激励着我们。他们勇于打破现状，闯入险境，拓展新疆域，发明新技术，不断攀登新高峰，挑战不可能。他们受到小说和电影的偏爱，被塑造成可敬的主角形象。

现实生活中，这些面孔也被我们喜爱的杂志竞相报道。这些冒险者让我们相信一切皆有可能，连我们身边最抗拒冒险的人都会赞叹他们的成功。

所以，科学可能为我们提供了一些答案，但还远远不够。科学，尤其是脑科学对冒险行为做出了很多隐性的承诺，但这些承诺不见得总能兑现。大体上说，在科学文献的术语之下，你无法找到对改善任何方面的具体建议。我希望学会如何在未来更好地应对风险，像那些冒险先驱者一样大胆做决定并取得他们那样的成功，而为了做到这些，科学层面的事实与发现是不够的。我想知道科学研究的结果如何应用于实际，关注哪些因素才能做出正确的决定，如何看待机遇与失败才能获得最大的成功。简单地说，我想了解那些成功的冒险者是如何做的，他们基于何种考量标准判断哪些事值得冒险，哪些事不值得。你可能也想知道这些。

在接下来的章节中，我会结合关于冒险行为的前沿研究，阐释其如何影响人们在工作、玩耍、恋爱关系与生活中的决策行为。你会更深入地了解决策行为牵涉的大脑机制，不同的基因与神经化学物质——这些在大脑运转中起作用的神经递质与粒子如何影响我们对风险因素的判断，生理和环境变量的相互作用如何帮助我们更好地在风险条件下行动。

除了科学层面上的新进展，我也会和现实生活中的冒险者对话，了解他们如何在具体情境下大胆做出决定并取得成功。这些冒险者包括专业扑克玩家、非营利组织负责人、神经外科医生、专业徒手攀岩和低空跳伞运动员等。我会请教他们如何看待冒险带来的不确定性，并将风险转化为成功。我也会观察他们如何控制风险因素，包括如何进行前期准备，如何应对冒险中的压力、情绪变化、失败和社会因素，为我们在生活中面对风险时提供参考。

每一天，我们每个人都会做出成千上万的决定，有些我们自己都察觉不到。每个决定，不论大小，都蕴藏着一定的风险。我想知道，如何从科学角度评估风险并采取行动，利用风险取得成功。实验室和现实世界的交集会告诉我们，如何正确选择冒险的时机和方式，衡量风险要素时应该关注哪些问题。幸运的话，即使我们可能有点儿抗拒冒险行为，我们也能知道在生活中如何最大化地利用风险机遇，以实现我们宝贵的梦想。

很久以前，我是一位冒险者。当我思考生活的下一步该怎么走时，我希望自己能够再次成为一位冒险者。但是这一次，我想先努力用知识武装自己。

第二章　冒险究竟指什么

盖尔·金（Gayle King）65岁，来自得克萨斯州加尔维斯顿。远远看去，你就会觉得这位从事柏油研究的科学家像那种对风险避之不及的人。

事实上，他会坦率地告诉你，他不爱接受改变。他希望一切都能按部就班、循规蹈矩。他和妻子结婚40年，生活幸福。（他也始终蓄着一种浓密的八字胡。）他总是穿着舒适的鞋子和夏威夷风的素雅暗纹衬衫。他有一整个衣柜的同种风格的衬衫，因此在放假聚餐时，他的家人总会为某件衬衫到底是何时、在何处买的争执不休。他曾环游世界，但更喜欢在邮轮的舒适客舱中完成旅行。作为一个骨子里的中西部人，他看重勤奋和礼貌，在生活中也践行着这样的标准。即使身处压力很大的情境下，他也脾气温和、表现得体。金的事业非常成功。虽然现在60多岁的他已经可以享受轻松的退休生活，但他喜欢固定收入带来的稳定性，于是继续工作，尽管更多的是兼职。我说过，远远看去，金是那种渴力抗拒冒险的人。不过，他很熟悉冒险行为。他在俄亥俄州的一个家庭农场里长大，父母从事着高风险的工作，所以他很小就明白，务农并不适合自己。

"农场上的工作完全没有保障，风险很高，压力也很大。"金指出，气候、政策和农产品市场行情等不确定因素会影响农场的运营。这份工作也很危险。尽管农场上的工作并没有多刺激，但畜牧业和种植业的从业者总是出现在高危职业排行榜上，每年都有相当数量的农场工人受伤或死亡。

考虑到农场生活的高风险性，金想找一个能够保障稳定性与安全性的工作。他为此努力着。上大学时，他选择了他所知道的最安全的职业领域：化学。

"当我进入这个领域，我就可以预料到自己未来的工作是什么样的了。你可以通过自己的受教育情况和经验判断出自己的薪酬大概在什么区间，"他坐在露台上的凳子上，远眺着海滩，手指轻轻敲着自己的肚子，"你甚至能在《化学》杂志的背面找到这些数字。拿到大学学位之后，我就找到了符合我心理预期的工作。那个时候我几乎顺理成章地得到了这样的工作，只要付出的努力足够。"

金在生活中总是通过这种方法来做决定。他会查找这些数据，尽己所能做出分析，并根据结果做出决定。"所以风险大小对我来说，是可以通过分析数据得出的。"金自信地表示。同时，他将自己的成功归因于他处理这些数据并根据结果做出安全决定的能力。

金解释风险的方法与经济学家通过实证方法研究风险的方式大致相同。在那个时代,风险并不涉及攀登珠穆朗玛峰、喝到人事不知或以 100 英里的时速冲下一条黑暗而曲折的路。那时风险的概念很简单,指的是在决策行为中对某一特定结果的可能性的量化。

金是个理性、重逻辑的人。他信仰的是数据分析。他甚至形容自己"有时会过度分析",尽管通过数据分析做出决定的方式令他有安全感。用金这种方式做决定的人并不占大多数。我知道自己不是。(但是,金做决定时也不总是依靠严格的数据分析,我们稍后会讨论这一点。)

变化中的冒险概念

想象一个简单的决策任务,比如掷硬币。如果正面朝上,你会赢得 1 美元;如果不是,你什么也得不到。在这种情况下,风险是显而易见的。你有 50% 的机会赢得 1 美元,很容易吧? 也就是说,你赢得 1 美元的风险是 50%,但你不会有实际的损失。所以,你知道可能出现的结果,还有 50% 的概率赢钱,为什么不试试呢?

但如果把条件改变一下,会发生什么呢? 假设你只要问候别人,对方就会给你一枚 50 美分的硬币,你也可以选择通过掷硬币的方式赢得 1 美元。规则还像之前一样:正面朝上,赢得 1 美元;正面朝下,则什么也得不到。此时的风险就变得复杂了一些。你可以只打个招呼，就拿着50美分径直离开；也可以赌一把，赢得1美元。现在，你必须在二者之间做出选择，一种情况是肯定能拿到钱（虽然少一些），另一种情况则是要么多拿一倍的钱，要么什么也拿不到。你会怎么选？

尽管径直离开就能得到50美分的意外之财，但大多数人会选择赌一把。毕竟，这种游戏风险不高，况且赢钱的概率始终为50%。但如果对游戏做些改变，又会发生什么呢？比如，提高赌注，延迟支付奖金，必须进行多次游戏或者和你的朋友、上司、另一半或你的妹妹的一个漂亮的女同事玩，会发生什么呢？如果向游戏中加入情感因素，你会怎么办呢？或者让游戏更紧张？或者让你在一个无关任务中犯了好几个错误后再来玩这个游戏？这些正是经济学家、心理学家和神经科学家在过去几十年中一直研究的问题。他们进行了多次实验，不断调整变量，观察人们的决定行为有何差异。

约书亚·巴克霍尔兹（Joshua Buckholtz）是哈佛大学一位研究决策行为的神经学家，他表示，认知神经学领域对风险的定义与传统经济学的很像。"我们讨论风险时，讨论的实际是某个决定出现某种后果存在一定概率，而这些概率是已知的。"他解释道。但与朴素经济学定义不同的是，这种"神经经济学"视角下的定义考虑到了风险认知的个体差异，承认人们不以同样的方式思考风险。

"以轮盘赌为例，在你下赌注之前，输赢概率非常清晰。所以，人们都会忽视那些风险较大的选项：如果我告诉你，赢 10 美元的概率是 100%，赢 12 美元的概率是 1%，我相信几乎所有人都会下注第一个，"巴克霍尔兹说，"但人们对风险的接受度存在差异。如果告诉你，赢 10 美元的概率是 100%，赢 1000 美元的概率是 30%，人们的决定就会有所差别。一些人会下注确定的 10 美元，另一些人则会下注风险较大的 1000 美元。因此，在不同的风险情境下，人们会比较不同决定的主观价值，包括某一决定的收益-亏损情况、不同后果的概率以及其他因人而异的具体影响因素，进而做出决定。"

虽然经济学中风险的概念已被逐渐扩展，囊括了"因人而异的具体影响因素"，但其逻辑性依然让盖尔·金这样的人信服。风险指的依然是出现特定后果的可能性，需要我们的理性分析。然而，研究决策行为的认知神经学家（有时也被称作"神经经济学家"）在经济学原理的基础上增加了一个重要观点——人们对待风险存在个体化差异。也就是说，我对某一决定的后果的可能性做出的判断可能与其他人的迥异。

不过，尽管考虑了个体化差异，这一定义仍有不足。我们现实生活中的大多数决定并不涉及意外之财、掷硬币或者轮盘赌等行为，不会穷尽各种后果的可能性，也并不必须明确地在确定和不确定的后果之间做出选择。另外，人们也不总能保持理性，虽然我们希望如此。所以，即便我们都采取盖尔·金的方式，通过严谨的数据分析做出决定——我们得承认，我们办不到——我

第二章 冒险究竟指什么

们中大多数人也无法准确计算出某一决定的全部可能后果的发生概率。现实生活中的影响因素简直太多了。更重要的是，当我们做出选择时，也许我们自己都不清楚这一选择会带来的全部可能后果。

认知神经学家扩展了传统经济学对风险的定义，但这一定义仍无法有效地运用于实验室之外，那么，我们该如何将这一定义运用到现实生活中呢？我邀请朋友们帮我定义风险，得到了不同的回答。大多数人的定义都很具体。有一些人对风险有消极看法，认为它是"可怕的""含糊的""危险的"，而且是"一种无法预知结局的情况"。它被称作"赌博"或者"愚蠢的选择"。但另一些人的态度更加积极。他们表示风险是"刺激的""令人充满活力的"，是"充满未知的"。

显然，如何看待风险取决于个人。你对风险的认知，与你的经历、价值观以及你是否渴望参加摩托车越野赛息息相关。因此，巴克霍尔兹使用了"主观价值"和"因人而异的具体影响因素"等对个体化差异的描述。个人认知是影响风险性决定的重要变量，决定了我们是大胆向前还是保守退后。

不过，不论积极或消极、具体或宽泛、共性或个性，所有对风险的定义都强调了不确定性。与传统的风险强调已知的可能性不同，现实生活中的风险意味着我们无法预知（也可能不想知道）行为的后果。

综上所述，科学家对风险或冒险并没有统一的定义。随着冒险研究从经济领域扩展到临床医学、流行病学等其他领域，这一定义也得到了相应的扩展。马文·扎克曼（Marvin Zuckerman）是一位走在前沿的人格心理学家，主要研究对象是寻求刺激者——为娱乐而寻求新奇经历的人。扎克曼将冒险定义为"对行为不良后果可能性的评估"。其他人将冒险定义为"可能造成损害的行为"。还有人将冒险定义为"最终将导致危险、伤害、病痛和死亡的行为"。通常来说，经济学家和认知神经学家关注的是个体如何计算冒险公式中诸多变量的价值，而其他科学家更关注的是这种计算会导致怎样的不良后果或如何避免它们。

即使是同一位科学家，对冒险的定义也可能不同。杰夫·库珀（Jeff Cooper）曾是加州理工学院进行决策行为研究的神经学家，如今在一家企业工作。当我询问他对冒险的定义时，他沉默了一会儿。

"我内心的教条主义与烦人的科学家立场让我认为，一切结果并非100%确定的行为都属于冒险。冒险决定与安全决定只存在程度上的差别，"他告诉我，"站在普通人的立场上，我认为冒险是一种选择，而这个选择很可能会带来糟糕的后果。我们认为冒险是危险的——真正的危险意味着真的存在这样的后果，且你很可能见证它。"

他提出了一个很好的观点。就算我们接纳优秀科学家的观点，坚持采用风险的基本定义，如果不将其放在实际语境中考察，我们对风险理解得再深刻也没有什么意义。如果我们不能把计算运用在实际生活中，它们又有什么意义呢？许多神经学家也在思考这一实实在在的问题。在期刊《认知科学趋势》(*Trends in Cognitive Sciences*)最近的一篇文章中，得克萨斯大学奥斯汀分校（University of Texas at Austin）的博士后汤姆·舍恩伯格（Tom Schonberg）呼吁学界缩小理论意义上的和自然语境下的冒险行为之间的差异。他还呼吁学者们在进行研究时设计一些符合真实风险情境的实验，而不仅仅是赌博。他的同事莎拉·赫尔芬斯坦（Sarah Helfinstein）同意他的观点。

"经济学家将风险看作简单的结果差异的方法并不适用于现实生活。这并不是大多数人眼中的风险。现实中，这个词尤其常和吸毒、进行无保护性行为等情况联系在一起，"她解释道，"但很多神经科学家倾向于采用经济学中对风险的定义，因为方便量化，会用到很多数学方法，而科学家都喜欢数学。但这种方式也导致问题产生：我们真的像自己以为的那样在考察风险吗？换句话说，我们真的在考察普通人认为我们在考察的风险吗？"

像研究数学一样研究决策行为有其合理性。科学家喜欢采用这种方式，像盖尔·金一样的普通人也喜欢这种方式。然而，面对不同人群对风险定义的不同看法，我们应该如何让普通人更好地认知风险并做出更好的决定呢？我们应该如何收集必要的知识，明确哪些风险值得冒而哪些不值得呢？

日常生活中的冒险概念

也许是时候讨论一下普通人认为科学家该考察哪些冒险行为

了。我想明确如何成为更睿智的冒险者,所以我需要一种对风险更生活化的定义。综合了科学家、朋友、我认识和钦佩的冒险者们的观点后,我把冒险行为定义为"一种有可能导致消极后果的决定或行为"。比如,你不知道自己是否会因为玩二十一点游戏而输掉大把工资;是否会因为要求涨薪而惹怒上司,被派去应付更挑剔的客户;或者下次跳伞时降落伞能否顺利打开。这些是我们每天做的每一个决定的组成因素——无论这些决定是早餐吃什么,还是是否要接受求婚。毕竟,生活中的决定很少自带确定的后果。生活本身就需要冒险。

诚然,数学计算在一定程度上是有用的。我们一生中一直在做各种决定,因此头脑也一直处于计算状态:我们衡量(通常还要调整)一项决定导致的不同后果的可能性,迫使自己做出选择,排除不可控因素,尽量以最低成本获得最大收益。经济学家说对了一点:冒险是一种计算。不过,这种计算并不简单,也不总能保持理性。我们再说说喜欢数据推算、抗拒冒险的盖尔·金。哪怕身处赌场,他也讲究方法,循规蹈矩,极其信任数据。

没错,就是我们之前提过的那个盖尔·金,那个因为能根据杂志背面的数字明确自己的薪资水平才选择了当前职业的人,却喜欢时不时去赌个钱——即便他并不认为冒险是个好主意。不过他赌钱的方式和你印象中的赌徒并不一样。他在赌钱时也靠数据行动,并将博弈游戏视为一种概率上的博弈。实际上,在计算机刚刚面世时,他就计算出了很多赌场游戏的概率,包括二十一点游戏中所有结果的可能性。他甚至考虑到了不同赌场的规则造成的差异。他做得极其详细、深入,并向我介绍了他的计算过程。

"通常,二十一点游戏胜算最大,数据分析得当的话,赢率会超过99%;如果规则对玩家有利,赢率则会超过99.5%。"他对我说,下意识地捋着自己的花白胡子。他还能(并真这么做了)快速说出他计算出的不同游戏的概率:双骰子游戏的赢率为84%~99.4%,视频扑克为95%,基诺游戏为60%~65%。不过,他也承认,不论你玩什么游戏,庄家都是最大赢家。"胜算大的话,你玩的时间会更长,赢的次数会更多,但从长期看肯定是亏的,"他叹了口气,"这就是赌博的糟糕之处。"

就像我之前说的,乍一看,金是那种竭力避免冒险的人。或者说,他至少会通过计算将风险最小化,保障自己的利益。可当我问他最喜欢的游戏是什么时,他却说他特别喜欢双骰子游戏。令人诧异的是,这位数学分析大师最喜欢的游戏并不是赢率最高的。这令我惊讶,毕竟他是那么擅长分析的人。

"我喜欢游戏中建立起来的友情,"他露出了羞涩的笑容,"周围所有的人都跟着我一起赢钱时,我感到特别快乐。我真的很享受这点。"

从金的案例中我们发现:尽管他知道自己的胜算有多少,知道最终总是庄家获胜,但他还是会去赌场。尽管他玩二十一点最有把握,最有可能赢钱,但他并没有选择赢率最高的游戏,而是选择玩双骰子。尽管他知道自己的胜算并不大,但他还是投下赌注,在欢呼的人群中兴致勃勃地摇晃骰子。

"我觉得我在掷骰子时体验到的快感跟有些人蹦极时的差不多。"他咯咯地笑着说。虽然他擅长数据分析、抗拒风险,但他发现,影响他决定的并不仅仅是数据。

因此,我们的确可以计算出赢率,可以把每个决定都转化为算式,对预期结果展开详尽的推演。不过,这样做的话,我们就忽略了整件事中非常重要的一点。数据无法表明我们的游戏体验如何影响了我们玩游戏的方式。数据无法告诉我们,掷骰子时一群人围着你欢呼、跟着你一起赢钱是什么感受。数据无法展现游戏如何振奋人心。数据无法告诉我们游戏中的压力、情绪等因素如何影响我们的玩法。数据更无法说明,我们为什么明知会输,在玩游戏时却欢呼雀跃、无比兴奋。

因此,尽管数据分析很有用,但它无法让你在面对风险时成为睿智的决定者。就拿我男友出人意料的求婚来说吧。根据《时代》周刊中一篇文章"为什么'二婚'更危险"的观点,我应当警惕第二段婚姻。它会暴露出我们没能从第一段婚姻的失败中吸取充足教训的事实。美国国家再婚家庭资源中心(National Stepfamily Resource Center)的数据显示,15% 的再婚家庭维持不到 3 年;即便维持的时间更长,39% 的再婚家庭也迈不过 10 年这道坎。这种数据注定无法带来希望和鼓舞。

但也有其他研究表明,再婚对我有益。找个伴侣会让我的生活更健康、快乐,经济上更有保障,不用独自一人面对世界。这种观点让我觉得好受一些。

我可以通过比较不同情境下的数据，做出数据意义上的理性选择。（不过，我并不清楚该怎么计算。我可能得让盖尔·金帮帮忙，而我感觉他肯定很乐意帮我。）但是，数据不论好坏，都并不具备足以影响我决定的重要信息。那些数据无法告诉我，我的男友穿西装有多帅，他是个多么出色的父亲，以及他能如何轻而易举地获得我儿子的好感。它们无法告诉我他有多幽默，我们如何一连几个钟头说些没营养的话也甘之如饴。那些数据同样无法告诉我们，当我们因为各自有事而无法见面时我有多想他，而仅仅是瞥到他走过房间的一瞬，我的内心又如何小鹿乱撞。那些数据也无法表明我们有怎样一致的价值观与目标。总而言之，数据无法体现我们之间关系如何，以及这种关系会给我们带来什么。因此，尽管在考虑他的求婚时，令人失望和欣慰的两方面数据始终在我脑海中浮现，可我很清楚，它们都遗漏了一些重要的因素。

认同神经经济学家对决策行为的认知——它无外乎是一种计算，而人类是理性的，都能管理风险，使自身利益最大化——是很正常的。但只要看看随便哪天的本地报纸，看看那些不容忽视的、由错误判断引发的各式令人担忧的结果，你就会明白，现实并没有那么简单。哪怕是向来理性的盖尔·金，在赌场里也没有凭逻辑做出最优选择。我们都想在面对风险时实现利益最大化，想控制风险以获得成功和快乐，但如果我们并非始终保持理性，我们能否学着做到这一点呢？

冒险的感情色彩

研究过风险的定义后,我们再讨论一下另一个方面:谈论冒险行为时的语气。在谈论冒险行为可能带来的危险、伤害以及财产损失、关系破裂的后果时,我们的语气听上去很吓人。的确,大多数可能导致危险、伤害、病痛和死亡的事肯定不符合个人利益,就算谈论的并非具体事件。我对库珀提起这种对风险的消极论调时,这位曾经的神经学家大笑着告诉我,冒险行为确实带有很多情绪因素。

"对很多人而言,风险的确带有消极含义,"他说,"这一结果主要来自经济学和商科领域内对风险的早期研究。那时,这类研究的主要目的是使商业决定的风险最小化。随着对风险的研究扩展到其他学科,人们接受了这一先决条件——寻求风险的最小化,在最大程度上保证结果的确定性。人们必须遵守这一规则才能做出最优决定。"

传统的风险观念始终认为,人们应当避免冒险:商业决策的制定者通过各种手段控制风险,以保护公司的利益;父母、教师和立法者希望避免冒险,以保护孩子健康成长;流行病学者努力缩小淋病、麻疹等传播速度快的传染病的扩散范围;司法系统努力改造高风险的失足青年和囚犯,以期他们安分守己;金融从业者试图把控风险,以避免经济损失。风险这个概念在不同方面均与不良嗜好、精神不稳定等情况密切相关,这些是我们大多数人都想避免的。不必要的伤害或死亡是所有人都想避免的。

大趋势是这样的：无论你怎么定义风险，无数人谈论它的方式会让你觉得，人们应该永远待在舒适区甚至家里才好。风险是危险的、病态的，没有一点儿好处。

当然，这不是我们的社会定义风险的唯一方式。在文学作品、电影和大众文化中，对冒险行为的刻画都是极其正面的。冒险者是现实生活中的超人（和女超人），是我们最爱的名人和英雄。当我们谈论冒险者时，我们总是钦佩他们的成就，尽管潜在的消极因素依然存在。而且，我们通常认为他们成功的关键在于勇于面对危险。

经久流传的故事告诉我们，愿意冒险的人——尽管他们聪明而精于计算——是生活中的成功者。冒险者能得到金钱、伴侣、威望和优渥的生活。所以，我们周围充斥着类似"高风险，高回报""不付出，没收获""勇者取胜"的口号。我们身处的文化一次又一次地告诉我们，唯有将顾虑抛诸脑后，我们的梦想才能实现。

我们对冒险的认识存在两种极端：冒险是糟糕的，会带来危险和死亡；冒险是有益的，能带来荣耀和快乐。哪种认识是正确的呢？我们如何理解这两者的矛盾，才能更好地把控生活中的风险呢？

我想明确什么风险值得冒，不，是我需要明确这一点。我想，是时候抛开这些故事，丢掉情绪包袱，专注于事实细节了。神话和童话故事听起来是很轻松，可它们虽然有趣，却无法帮助我进行自我风险计算，保障自身利益最大化。它们无法解释大脑如何判断已知后果和未知后果出现的概率，如何由此选择冒险行为。它们无法解释冒险行为如何受到人类的本质——基因和生理结构的影响。它们也无法告诉我们环境因素如何影响我们计算风险的方法。

我准备抛开掷硬币等博弈游戏的思维，重新认识风险。我想知道我的基因如何影响我的决定——当我面对不确定性的时候，基因能起到多大作用。我想知道我的性别如何左右我的风险认知，有哪些积极、消极影响。我想知道环境因素如何影响我选择冒险行为。我确信，我们中的很多人都想知道，为做出正确决定，应该如何应对情绪、压力和失败。

生活中充满了风险。选择正确，成功近在眼前；选择错误，后果不堪设想。我想利用生活中的风险去实现目标。现在我明确了风险的定义，但不知道如何利用它。但是，就像我之前说的，我们应当将实验室的研究成果与现实生活中的真实情境相结合。现在，我们就开始讲重点吧。首先，我们要了解一下科学家和成功的冒险者如何看待基因在冒险行为中的作用，是否有一些人天生具有认知风险的能力。

第二部分

天生冒险家

几年前，我看过一部关于格琳德·凯顿布鲁纳（Gerlinde Kaltenbrunner）的电视节目，她是全球首位无氧登上世界八大高峰的女性。对大部分登山者来说，攀登这些宏伟高峰时，额外的供氧是不可或缺的。在缺乏额外供氧的情况下，高海拔的稀薄空气会导致人体机能紊乱、身心疲惫，还会引发呼吸急促、心率加快、眩晕、认知障碍等缺氧症状，有人甚至会出现幻觉。在攀登这些高峰时，人们需要做好万全的准备，因此，不携带氧气瓶会大大增加受伤乃至死亡的风险。华盛顿大学的研究发现，在攀登珠穆朗玛峰时，就算是经验丰富的登山者，在不携带氧气瓶的情况下，死亡的可能性也会提升 3 倍。

但是，有些登山者不会（或者说不愿）携带氧气瓶。当有人问凯顿布鲁纳为何不携带氧气瓶时，我记得她的解释几乎是不假思索的。她说，携带氧气瓶不是她会做的事，仅携带必需品轻装上阵让她感到快乐。这令我十分吃惊，也许是因为她看起来不符合我心目中大胆、鲁莽的冒险者形象。她眼眸明亮，笑容温暖，像那种我会在瑜伽课上或课后闲聊时遇到的类型，而不像个为追求刺激而把小心谨慎抛诸脑后的户外冒险家。

多年后回顾那档节目时，我依然好奇她为何对不带氧气瓶登山这个决定中的风险因素那样不假思索（她现在依然活跃在登山界）。我知道她做出这样的决定，必然已经充分考虑过登山途中会遇到的危险和自己身体的承受能力。但在当时，相较她保守的外表，这样的决定让我感觉她如同一个超人。当我面对挑战时，我身体和精神需要的支持或舒适感是一致的，但她与我不同，面对挑战时这两方面的表现并不一致。这不仅体现在她对待氧气瓶的决定上，还体现在她努力成为职业登山运动员这件事上。登山运动员需要满足严苛的身体素质要求，忍受酷寒，还要面对人身危险，这一切在我看来是充满风险的。我认为，凯顿布鲁纳和我在生理上便截然不同，这种深刻的差异是天生的。

有人说，冒险者是天生的，而非后天养成的。他们天生的特质让他们习惯以与众不同的方式对待世界，而这种方式是他们成功的原因之一。他们天生拥有应对风险的能力，有着和我们不一样的生理构造。我们能仰慕他们，却无法模仿他们。我们相信，像凯顿布鲁纳这样的冒险者的冒险之举大都由本能驱使，他们的基因、大脑通路和身体构造都具有独特性。不管有没有氧气瓶，我都不可能像凯顿布鲁纳一样去攀登高山，实话说，我根本就没认真想过这件事。

看到像凯顿布鲁纳这样不断冒险、不断超越的人时，你会觉得"冒险者是天生的而非后天的"这一解释或许属实。但这种观点站得住脚吗？那些成功的冒险者与我们普通人的生理结构真的天差地别吗？科学家正在努力探索大脑、基因、性别和年龄等因素如何影响我们的风险认知和冒险行为。这些因素的差异可以帮助我们解释为何一些人是天生的冒险者，而另一些人本能地排斥危险和不确定性。

第三章 冒险与大脑

20世纪90年代，随着互联网公司的爆发式涌现，米歇尔开始了她的软件开发事业。大学毕业后，她进入一家小型网络安全公司。她喜欢在这样年轻、有活力的公司里工作，这里热情洋溢（甚至不讲礼数）的环境让工作变得有趣。她也很喜欢她的同事们，他们不仅工作在一起，也玩在一起。他们经常联络感情。米歇尔表示，有时她觉得这里不是个专业的工作场所，倒更像社交俱乐部。他们拥有的共同愿景和情谊让她深深感动。她觉得，这才是工作该有的样子。

"那段时间真的很快乐。回想起来，我都不知道我们当时是怎么完成工作的，"她笑着说，"但我们确实完成了工作，还做得十分出色。这一点意义非凡。总之，我们相当有创意，能创造出非同一般的东西。"

米歇尔继续在这家公司工作，看着它稳定成长，直到被一家大型国际软件服务企业收购。这次收购彻底改变了她热爱的工作环境——从谈生意的方式到雇用的员工类型。米歇尔发现，他们的日常工作也发生了极大的转变：她不得不告别许多被调离原来岗位（更常见的是被解雇）的朋友和同事；她不得不忘记之前轻松随意的工作氛围，适应一种极为传统的企业环境；她还必须每天填写日程表，严格遵照格式发送备忘录，学习新的职场规范。她再也不能穿得像个大学生，而只能着正装。在她努力适应新规则时，她才发现她曾经的工作是多么不同寻常而精彩的体验。

米歇尔承认自己很幸运。随着互联网公司式微，她的很多朋友失业了，而她所在的大公司依然稳定发展、势头强劲，她自己也有机会在这个体系内晋升。与那些一直在初创公司工作的人不同，米歇尔的员工认股权始终有效。公司被收购后，她的股份得以兑现，让她有足够的钱付一栋漂亮房子的首付。如今，她已经适应了这一行业巨头的条条框框，也得到了晋升机会。不过，她依然怀念最初工作时无拘无束、自由自在的环境。

"我不应该抱怨，这是份好工作，只是不太有趣罢了，"她耸了耸肩，"现在，工作就只是工作而已。"

当我问米歇尔是否会回到初创企业的环境中工作时，她的回答很谨慎。"如果机会合适，我肯定会考虑的。但无论我多怀念当初的日子，离开都不是件容易的事，"她又谈及目前的工作，"现在我的薪水很高、福利很好，我在这儿已经安顿下来了。这份工作给了我保障。离职会冒巨大的风险，不过做做梦还是很有意思的。"

几周后，米歇尔接到了她前同事的电话，说一家新公司可能有一份适合她的工作。米歇尔正考虑要不要冒这个险。这份新工作听起来完全是理想中的样子，而且特别有趣。她可以再次和以前的同事共事，可以穿牛仔裤而不是职业装，可能（只是可能）会再次对工作充满激情。她的薪资水平也会得到略微的提升。但这种选择也会让她付出巨大的代价。她享有的福利会减少，特别是假期天数，这让她极其不舍。除此之外，她还得收拾行李，搬到得克萨斯的奥斯汀。这意味着她要告别现在的朋友，跟家人分居两地。这是次巨大的冒险，她承认，但也很让人心动。

米歇尔是该留在稳定、高薪却无聊的职位上，还是该离职，换一份全新的工作，进入全新的环境，跟以前的朋友们一起重新体验创业的快乐呢？她会如何确定这一决定带来的风险呢？就像我们对待风险一样，她会依赖一系列生理系统帮助自己做出是走还是留的决定，其中就包括隐藏在大脑深处的一个特定的大脑通路。

判断风险的大脑通路

这一特定大脑通路是中脑边缘通路，通常被认为是大脑的"回报处理通路"，主要帮助我们处理收到的"回报"。东北大学的神经学家克雷格·费里斯表示，回报总是伴随着风险，所以"中脑边缘通路"就如同大脑的激励机制，会评估一项决定中涉及的风险和回报因素。在大脑中，它负责计算可能性：如果我参与这项活动，可能会有怎样的结果？

中脑边缘通路由三大主要系统组成：基底节（靠近脑干，主要处理饮食、性行为、社交行为和其他回报活动）、前额叶皮层（大脑的控制中心）和边缘系统（负责情感和记忆的部位）。这一重要通路会帮助我们在日常生活中做出各种各样的决定。每个单独的系统各司其职，各自提供信息，帮助大脑成功地感知、处理和追逐风险。

基底节

基底节位于头骨深处、皮质以下，也就是所谓的"蜥蜴脑"。数百万年前，海洋生物爬上陆地，以寻求生存。科学家认为，这些远古生物的大脑和现代人类大脑的皮层下区域非常相似。因此，如今的爬行动物、鸟类、哺乳动物、灵长类动物和人类的基底节的形状和功能是相同的。

基底节并非单一的脑区，而是多个区域组合而成的大脑功能性单元。就像这个名字一样，"基底"意味着该部位靠近大脑底部，"节"指的是该结构包含神经元。你只要不是个疯狂的解剖爱好者，是无法分辨不同的"节"的。其中的每一部分都发挥着独特的作用，影响我们做出不同的选择。

基底节中最大的区域被称为"纹状体"（见图1），其特征是条纹状的外表。纹状体内部分布着更小的区域，如尾状核、豆状核和伏隔核。纹状体的附近分布着苍白球和腹侧苍白球。神秘的

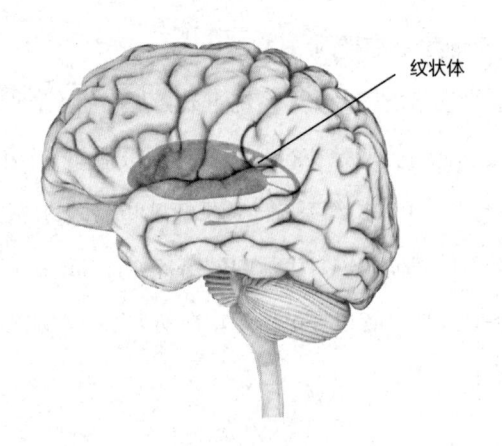

图 1　基底节

黑色物质，或称"黑质"，也分布在邻近区域，因其黑色外表显得格外突出。中脑腹侧被盖区和底丘脑核（临近丘脑的一小块区域）包围着上述区域。这些区域发挥着重要作用，共同帮助我们做出决定。

我们的"蜥蜴脑"关乎我们最基本的欲望——饮食、性、陪伴、金钱和社会地位。简单来说，这一区域激励我们追求生活中最具诱惑力的回报。为了获得这些回报，我们愿意冒最大的风险。因此，基底节位于我们"风险-回报处理通路"的中心，也是很合理的。

由于基底节代表着我们最想获得的回报，它对认知的各个方面都发挥着重要影响，其中就包括决策环节。因此，这一系统能被快速唤醒。有些科学家甚至认为它们能够自动做出响应。这就是丹尼尔·卡内曼（Daniel Kahneman）在《思考：快与慢》

(*Thinking, Fast and Slow*）一书中提出的"快思考"系统。既然这一系统关注人类最基本的欲望，那么人类肯定也需要一个更缓慢、更精细的系统与之相伴，帮助人类在必要时推翻一些莽撞的、唯回报是图的决定。

前额叶皮层

我们必须承认，仅凭回报的价值做出的决定是不合理的。你能想象如果我们的选择都仅仅是为了解决一时之需，世界会是什么样子吗？如果我们追求的仅仅是食物、性和金钱等眼下的私欲，这个世界会失去生产力，变得不宜居住。为了在文明社会中生存，我们必须学会控制私欲，哪怕我们渴望的东西就近在咫尺。我们要学会控制，至少是在一定时间内。于是，大脑中运作较慢、更具理性的区域就能对基底节做出的即时判断进行约束。

在进化过程中，人类逐渐形成了与低层次哺乳动物的不同的大体积的新皮层。这个更大、功能更完善的系统受到大脑中最大的区域——额叶控制。前额叶皮层位于额叶最前端的区域，其主要功能为判断、推理和抑制。也就是说，前额叶皮层会帮助我们在行动前三思，在我们对自己或他人造成伤害前阻止我们。用卡内曼的话来说，前额叶皮层是一个"慢思考"的系统。

前额叶皮层和基底节相连，通过强韧的神经元连接向彼此传递信息。基底节中的不同部位分别连接着前额叶皮层的特定部位。以背外侧前额叶皮层（DLPFC）为例，它位于额叶顶部，在决策过程中发挥关键作用（见图2）。一些DLPFC受损的患者很难做出决定。另有研究表明，当人们对外在环境做出回应时，DLPFC能帮助我们克制情绪。它就像大脑的管理员，会抑制一些不合时宜的冲动行为。

背外侧
前额叶皮层
（DLPFC）

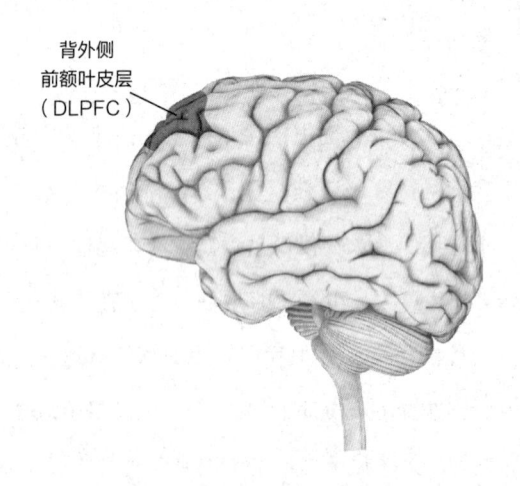

图2 前额叶皮层

哈佛大学的神经学家约书亚·巴克霍尔兹将这一大脑通路中的基底节-前额叶皮层回路（有时也被称为"额叶纹状体区回路"）比作大脑的"油门"和"刹车"。基底节中的纹状体会对回报的价值进行编码，这就相当于油门的作用——产生追求内心欲望的冲动与动力。但油门不能一直踩着，否则就会发生车祸并着火，因此额叶——特别是DLPFC——就充当了刹车的作用。由于这个名称太绕口，我们可以称其为"管理员"。"管理员"可以通过抑制不恰当行为直接"刹车"，也可以通过改变纹状体对回报的编码规则间接"刹车"。在后一种过程中,"管理员"会使基底节在面对不同选择时将长远目标、行为后果等因素纳入考虑。

这一特定回路对人们做出明智决定而言极为重要,但中脑边缘通路并不止于此,也不能止于此。我们还需要一种重要的第三方干预,向决策过程中加入对经验、情感等因素的考虑,帮助我们提高决策能力。

边缘系统

基底节与前额叶皮层的第二个区域——腹内侧前额叶皮层（VMPFC,位于额叶底部,靠近眼睛的位置）相连。VMPFC与大脑的情感处理区域相连,这一区域被称为"边缘系统"（见图3）。

边缘系统包含四个核心区域:海马体是大脑的记忆中心;杏仁核负责对实时情况进行评估,包括引发"战斗或逃跑"反应;

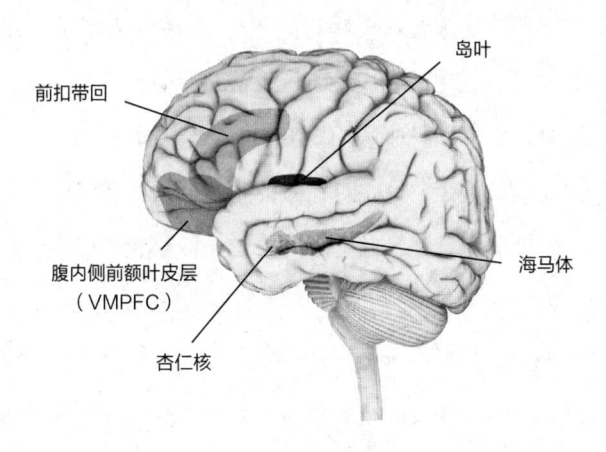

图3 边缘系统

前扣带回将回报与行动相联系，帮助我们吸取以往经验；岛叶的主要功能则是控制情绪。边缘系统将情感与经验纳入我们的决策过程，因此你可以回顾以往类似的经验，帮助当下的自己做出决定。这样一来，根据什么对你最重要，你就可以从主观角度计算并确认潜在回报的价值，并将这一信息发送至前额叶皮层中的VMPFC了。简单地说，VMPFC扮演了计算器的角色。它整合了私人感受和经验方面的数据，并汇总情感、记忆和环境等方面的信息，帮助人们判断是"踩油门"还是"踩刹车"会带来最优结果。

三个系统，一条通路，多种学习过程

基底节、前额叶皮层和边缘系统共同组成了中脑边缘通路（见图4）。说白了，这个部分就如同一台概率计算机。这个复杂的系统是专门为决策过程设计的，它不仅能帮助我们应对某个决定可能带来的个人化的回报，而且能帮助我们认识这一决定自带的潜在风险，引领我们对眼下局势做出最佳判断。

随着时间的流逝，这些对风险的判断会帮助我们积累宝贵的经验。科学家表示，经常做冒险的决定能帮助我们更高速和高效地学习。为什么会这样？归根结底，是多巴胺在起作用。

你可能听说过多巴胺，它是存在于神经系统中的一种被广泛研究的神经递质。在各类科普新闻中，多巴胺与各种各样的事物存在联系，如性行为、精神分裂、出轨、动力、成瘾行为、注意

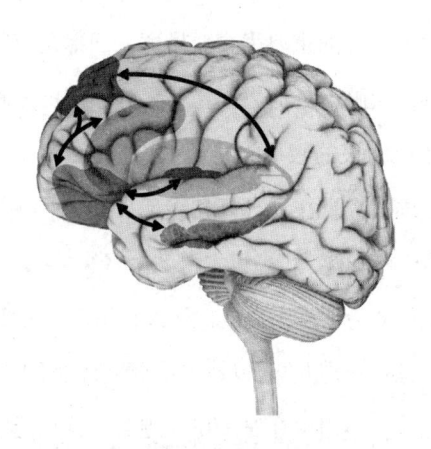

图 4　中脑边缘通路

力、学习过程、哺乳、赌博、暴饮暴食、注意力缺陷多动障碍、探索行为、政治、爱情、帕金森病、运动、强迫症、社交媒体的使用，等等。多巴胺也会对中脑边缘通路形成刺激，因此这种神经化学物质用途广泛，能对学习、记忆、运动等复杂认知过程形成助力。

几十年前的研究人员认为，多巴胺仅能通过愉悦感产生作用。发生性行为、吃到美味的食物或得到其他形式的回报时，基底节便会释放多巴胺。多巴胺的释放过程会促进学习，大脑会促使我们从事可能再次让我们得到这种回报的行为。但事实上，多巴胺的运作机制更为复杂。回报确实能够刺激多巴胺的分泌，但分泌量则主要由个体的期望值决定。

布朗大学（Brown University）的神经学家迈克尔·弗兰克（Michael Frank）主要研究基底节对决策过程的影响。他表示，多巴胺是促进学习过程的重要因素。毕竟，回报是有吸引力的。当你得到回报时，大脑就会努力回忆你得到回报的过程，并尝试再次得到它。如果回报的吸引力足够大，你甚至会进行多次尝试，就像实验室里逐渐发现按动杠杆和出现食物之间存在联系的小白鼠会开始按动杠杆一样。

实验人员很容易训练小白鼠把回报和相应的刺激——能让它们获得一颗糖粒、一点儿果汁或一些刺激性的可卡因的按动杠杆的行为联系起来。小白鼠在笼子里乱跑时，会在无意中按动杠杆并因此得到回报。这自然会让小白鼠再次尝试按动杠杆，看能否再得到什么。这样一来，小白鼠就会将刺激（按动杠杆）与回报（食物）联系起来。

"基底节拥有能帮助大脑进行'回报刺激型学习'的完美结构，"弗兰克告诉我，"它会让我们明白不同决定会带来哪些积极结果和消极结果。如果你体内的多巴胺水平上升，未来你就有可能追求同样的回报。"

人们可能会认为，学习过程仅仅是由对回报的渴望推动的。毕竟，谁不想获得更多回报呢？但事情并没有这么简单。诚然，传统的回报的确会引发多巴胺的分泌，但弗兰克发现，意料外的回报则会引发多巴胺的大量分泌。小白鼠的"回报刺激型学习"该如何解释呢？小白鼠会不断尝试按动杠杆，正是因为前几次回报对它们而言是意外之喜。多巴胺的大量分泌重塑了神经弹性，改变了大脑通路，帮助小白鼠在"按动杠杆"与"获得好东西"

之间建立起了联系。联系一旦建立，小白鼠就会不断按动杠杆。

问题是，随着时间流逝，尽管小白鼠已经养成按动杠杆的习惯，回报引发的多巴胺分泌量却越来越少了。所以，更准确地说，这一学习过程应该被称为"意外回报刺激型学习"过程。只有意外的回报才能在最大限度上刺激多巴胺的分泌，并启动这一学习过程。意料之中的回报并没有这种魔力，不会刺激多巴胺的大量分泌。

当然，我们的"蜥蜴脑"（基底节）不仅处理回报，也处理消极结果。人类如果只关注积极结果，面临的选择将十分单一。因此，我们也需要处理消极刺激，这样我们就知道应该在生活中避免什么了。让我们改变小白鼠实验的条件：小白鼠如果提拉杠杆，就会被电流击中。这种情况下多巴胺的分泌就出现了变化。神经学家发现，消极刺激会使多巴胺分泌量减少，于是小白鼠便知道以后要避免提拉杠杆了。

采用神经影像技术监控人体的多巴胺分泌量，你会发现人类与小白鼠没什么不同：意料外的积极回报会导致多巴胺水平急剧升高，影响整个中脑边缘通路；消极刺激则会使多巴胺停止分泌。那意料中的回报呢？它们也会引起多巴胺的分泌，但分泌量不会那么大。它们引起的多巴胺分泌较为平稳。

这些现象重要在哪里？当你尝试冒险行为并取得意想不到的回报时，你体内的多巴胺水平会急剧升高。从神经生物学意义上讲，这能帮助你提升学习效率。

"一直维持现状会使学习和进步变得困难。比如,你想学习攀岩,于是你来到攀岩练习墙前,想尝试最简单的攀登路线,"弗兰克解释道,"但你很快发现,这条路线太简单了,连初学者都能轻松完成。于是你完成了。如果你下次不冒险尝试一条更难的路线,你就无法成为优秀的攀岩者。"

这很好理解。你如果不冒险,体内的多巴胺水平不会大量提升,就无法触发"学习信号"。你如果不去尝试较难的攀岩路线,就无法提升自己的技能。你如果在酒吧里无法鼓足勇气和喜欢的女孩搭讪,你们绝对不会有结婚的那一天。你如果坚持待在无聊的大公司,可能会错过很棒的职业机遇。

"当你面对风险时,头脑中的学习信号会更强烈,"弗兰克说,他进行的研究也验证了这一观点,"有些人在一些领域内做到出类拔萃,采取的方法就是勇于冒险,不断提升预期。"

米歇尔目前的职位不会给她带来什么意料外的东西。她开始对日常工作感到厌倦,承认自己学不到新知识。同时,她也完全不知道该对初创公司有什么期待。然而,正是对新工作"毫无所知"的风险为她提供了学习新技能的绝佳机会。这些新技能也许会帮助她今后在各种各样的企业中取得成功。

决策过程详解

米歇尔做这项决定时需要考虑很多因素。那么,在她尝试做决定时,她的大脑内正发生什么呢?根据神经学家的观点,中脑边缘通路和其他重要的脑区协同工作，利用重要的多巴胺信号计算不同后果的可能性，以预测主观性价值，推动决定的效用最大化。也就是说，面对一个决定时，大脑不断从当前情况和我们以往所做不同选择的经验中获取信息，而后根据我们的需求、欲望、信念和目标评估每个选项的主观性价值，从而计算不同的选择会带来哪些后果。通过考察各种变量，我们能够做出理性的决定，进而帮助自己实现目标（也就是决定的"效用"），让我们最终能够生存，甚至取得成功。

听上去非常理性吧？这只是个假设。曾是加州理工学院从事决定行为研究的神经学家，如今在一家企业工作的杰夫·库珀把大脑内发生的决策过程比作一场大型的概率游戏。无论我们的决定是关于爱情、饮食、扑克牌还是生活中的琐事的，"一切其实都在碰运气，"他边对我说，边指了指大脑的位置，"全部都是。"

哪怕你认为我们并不总是理性的决策者，中脑边缘通路也在不断指引我们在做决定时保持理性。大脑的三个系统为我们提供了关于决定的重要信息。基底节代表我们的需求和欲望；边缘系统将情感和经验纳入决策过程；前额叶皮层提供理性思考，是整个过程的控制中心。我们将三大系统的信息进行整合，便得到了做出最优选择的充足信息。

我们来考虑一下米歇尔的案例。值得信任的前同事为她提供了一个更有趣、薪水更高的工作机会。一群有趣的人一起工作，听起来就不错。考虑到米歇尔的个人经历——她在初创公司工作过——现在离开传统的企业环境，再次回去创业，听起来就很令人激动。用约书亚·巴克霍尔兹的话来说，以前的工作经历为米歇尔提供了"踩油门"的动力。这些积极因素让她难以拒绝这个提议。米歇尔的"蜥蜴脑"（基底节）已经开始激动地想象各种可能性了（多巴胺水平开始上升）。

然而，米歇尔目前的工作很不错——薪水高，福利好，也有保障。她可能对日常工作感到厌倦（尤其反感大企业的条条框框），但她并不讨厌这份工作。而且，她自从大学毕业就一直在这里，已经扎下根来，拥有人脉。换一份新工作意味着不仅要离开目前的岗位，而且要离开熟悉的社交环境。因此，在权衡利弊时，尽管新工作很有诱惑力，但更理性的前额叶皮层使米歇尔能够更理性地看待这一选择，她精神上的脚准备"踩刹车"。她需要斟酌哪种选择更好。新公司听上去很棒，但跳槽会为职业和私人生活带来巨大变化，何况那还是一家初创公司。虽然新公司现在不愁资金，但如果一年后公司没有起色该怎么办呢？在当下的经济环境中，哪怕打理公司事务的人够聪明，也说不好会发生什么。米歇尔如果去了新公司，可能最终会失业，一个人孤苦伶仃地待在得克萨斯。考虑了这么多，她是应该换个新工作、重回初入职场的创业时光，还是应该追求安稳、保持现状呢？换句话说，她到底应该"踩油门"还是"踩刹车"呢？

在评估回报——新工作时，基底节发挥了重要作用。当米歇尔每天穿着连裤袜处理无聊的商务会议时，和一位可靠、有创意的前同事一起开公司简直是件求之不得的事。而且，薪水也涨了。你会发现为何改变是如此诱人的——它能使基底节分泌更多的多巴胺。

在另一个独立的通路中，基底节也在处理潜在的消极后果，也就是这一冒险之举可能带来的消极影响：人脉的丧失、假期的减少和对未知的恐惧。最终的结果是，最初大量分泌的多巴胺逐渐转为平稳分泌。

比起基底节，前额叶皮层发挥作用较慢，但这一系统一直在计算和比较不同后果的主观性价值：如果米歇尔接受了新工作，她可能会有一份成功、圆满的事业；如果她拒绝了新工作，她的事业可能不那么圆满，但生活却更有保障。前额叶皮层在接收来自基底节的信息的同时，也接收着来自边缘系统的信息。来自大脑记忆和信息中心的重要数据也需要在这一系统中进行处理。这些信息包括对新工作的兴奋、对当前工作的满足、对此前创业生涯的怀念、对朋友和家人的不舍以及对工作福利的考量等。

特别是承担了前额叶皮层系统中计算器角色的 VMPFC，这一部分将米歇尔当前的处境纳入考虑，整合现有的全部信息来计算这份新工作的主观性价值。这三个系统都在以极快的速度交换信息，将关于需求、欲望、观念、经验、环境、情绪和目标的信息进行编码，帮助她做出最优决定。这是一种非常聪明的安排：我们最深切（最快涌现）的欲望会受到理性和经验的制约，而我们谨慎的想法又会受到欲望与需求的刺激。正是这种强大的结合确保我们有足够的动力追求心中最渴望的事物，且不会付出过于惨痛的代价。

这三个系统——两个会出于本能做出快速反应，第三个则保持理性克制——相互制衡，共同运作，帮助我们做出最优决定。从神经生物学的视角来看，中脑边缘通路将欲望、理性与情感联系起来，比较回报对我们个人而言的价值以及试图获取回报可能导致的危险，进而影响我们的选择。这就是大脑系统相互制衡的基本原则。

打断通路

中脑边缘通路的运作机制听起来很简单。如果这三个系统之间的配合如此默契，那么我们每次做决定时都能做出最优选择了，对吧？这个系统也应该立刻告诉米歇尔该做什么——这个答案也必然会是她最好的选择。如果这一通路正常运转，我们就不会做出错误的决定了。但不幸的是，就像任何相互制衡的系统一样，只要一个环节出现差错，其他的系统都会无法运转。

试想一下，如果我们过度纵容欲望，基底节就会在决策过程中发挥主要作用，我们就无法做出最优决定。边缘系统或前额叶皮层如果占主导作用，也会导致决策失误。毕竟，过于情绪化或过于理性都不利于我们做出正确决定。

在米歇尔的案例中，如果联系米歇尔的前同事是她尊敬和信任的导师，就算要搬到得克萨斯，福利也会减少，她接受新工作的可能性也更高。如果米歇尔特别介意搬家和远离亲友这样的变动，她可能会拒绝这份工作，并认为它不是她事业发展的最佳选择。如果米歇尔过度纠结这件事，前额叶皮层发挥主要作用，让她陷入犹豫不定的恶性循环，她可能就会一直举棋不定，最终错失良机。所以，对这一决策公式中的任何一个变量稍加改变，就会改变所谓的"最优选择"。

但是，不同选择之间的权重是如何变化的呢？瑞士苏黎世大学医院（University Hospital Zurich）的一位神经学家彼得·布鲁格（Peter Brugger）设计了一项实验：在一个博弈游戏中，利用重复经颅磁刺激（rTMS）技术干扰前额叶皮层的"管理员"——DLPFC，从而改变这一决策系统的制衡机制。

神经元是通过电化学信号传递信息的。科学家很早就掌握了利用电流调节大脑活动的方法。每个神经元都有对电压产生反应的外膜，细胞附近的电流活动可以控制其开合，因此，人们可以通过向颅骨施加直流电来操纵神经元之间的信息交换活动。这就是常被用于治疗抑郁症和其他情感障碍，但也饱受诟病的电击治疗的原理。向颅骨施加的直流电可以改变神经元之间的电流沟通，缓解重度抑郁症患者的常见症状。但是，这种治疗方法会导致癫痫、失忆和精神错乱等糟糕的副作用。

rTMS技术利用独特的电磁线圈在颅骨外传递短脉冲，这种方法涉及的电流更弱、更易控制，从而规避了电击疗法的缺点。这些微弱的电流能够在短时间内增强或削弱大脑皮层特定区域内的神经活动，通常持续时间仅为几毫秒。在研究生时期，我曾作为研究助理亲身体验过 rTMS，虽然这项技术听起来可能令人有些不快，但实话说，感觉没有那么糟糕。接受 rTMS 的感觉算不上多舒服，但我觉得就像一种轻微、突然的头部震颤，尚处于可承受范围之内。我们研究所的人都把 rTMS 的微弱电流比作"脑屁"，是一种人们能轻松抛诸脑后的短暂感受。但这种针对特定区域的轻微震颤会改变大脑中的一些复杂活动。

在布鲁格的实验中，研究人员让一群年轻男性玩电脑版本的"猜豆子游戏"[①]（巡回马戏团最喜欢用的把戏）时，同时利用 rTMS 技术控制他们大脑中的 DLPFC。这群被试会在电脑屏幕上看到一字排开的 6 个粉色或者蓝色的盒子，每次实验中两种颜色盒子的排布都是不同的。任务本身很简单。6 个盒子中的一个装着代表获胜的物品，被试只需要猜出物品在什么颜色的盒子中。猜对的被试可以得到一定分数。得分多少和概率有关。例如，屏幕上有 5 个蓝色盒子和 1 个粉色盒子，风险最小的选择是蓝盒子。假如被试为求稳而选了蓝盒子（而恰巧物品就在蓝盒子里），那么他就会得到一定分数。假如他选了粉色的（而恰巧物品在粉盒子里），那么他得到的分数比前一种情况更多。选择错误也是一样。被试如果做出高风险的选择并错了，就会输掉更多分数。如果求稳选择低风险选项却错了，也会丢掉少许分数，但不会太肉

[①] 用三个杯子轮流快速盖住一粒豆子，让观众猜豆子最终在哪个杯子下的街头骗术。——编者注

疼。被试的目标是在 100 次连续实验中积分越多越好。

为了研究对 DLPFC 施加微弱电流会如何影响决策过程，布鲁格的团队在被试做出选择前对其中 9 人的前额叶皮层右侧进行 rTMS，对另外 9 人的前额叶皮层左侧进行 rTMS。这一操作会使 DLPFC 的活跃度减弱，也就削弱了这一区域对决策过程的管理能力。研究人员发现，与左侧接受 rTMS 以及未受刺激的被试相比，右侧受到刺激的被试更容易做出冒险的决定。

研究人员认为，前额叶皮层，尤其是 DLPFC，在"理性面对看似诱人的选择"时发挥着举足轻重的作用。当电流使其活跃度减弱后，DLPFC 的这一功能便失效了。这符合巴克霍尔兹将前额叶皮层比作刹车的说法。当这一区域丧失了管理能力，我们会很难控制自己的选择，例如，会投注于高风险的游戏。面对诱人的（更丰厚的）回报，我们更容易冒险，对结果的预测也会产生偏差——哪怕屏幕上有 5 个蓝盒子，被试也会选择粉盒子。

如果增强前额叶皮层区域的神经活动，又会发生什么呢？你可能猜到了，冒险决定会减少。哈佛医学院贝伦森-艾伦无创脑刺激研究中心（Berenson-Allen Center for Noninvasive Brain Stimulation at Harvard Medical School）研究员、布鲁格 rTMS 实验的合作者阿尔瓦罗·帕斯夸尔-莱昂内（Alvaro Pascual-Leone）采用不同的技术，对相同的任务进行了后续实验。他采用的刺激技术是经颅直流电刺激（tDCS）——利用置于头皮上的电极持续发送微弱的直流电。这一技术很安全。电极会让头皮产生发痒的感觉，提升其下脑区的活跃度。

在做决定之前，被试的前额叶皮层接受了 tDCS，于是其表现更加求稳。比起假装接受 tDCS 的对照组，受到真刺激的被试倾向于选择风险较低的选项。大脑"刹车"系统主要部分的活动增强后，个体会更加克制自身行为，规避较大风险。总之，这些研究证实了大脑"管理员"在决策过程中帮助我们权衡风险的重要作用，也体现了中脑边缘通路的功能缺失会对决策过程造成什么影响。

预测冒险行为

中脑边缘通路中的三个系统在决策过程中都发挥着重要作用。通过分析各个系统中的活动，科学家甚至可以预测你什么时候会冒险，什么时候会求稳。在得克萨斯大学奥斯汀分校从事冒险行为研究的博士后莎拉·赫尔芬斯坦与同事们的最新研究中，被试被要求完成一种"气球模拟风险任务"（BART），研究人员则观察他们的脑部活动。研究酒后驾驶、无保护性行为等自然冒险行为的学者们更喜欢在实验中采用 BART 而非传统的神经经济学任务，因为 BART 与现实生活中的冒险行为密切相关——BART 中的决策过程更接近"限速 45 英里时，我是否该开到 90"而非"我是该赚取固定收益还是去赌博以赢得更多钱"。

BART 的过程很简单。屏幕上有一个虚拟气球。你按下按钮，就会给气球打气。每充好一个气球，你就可以得到分数。所以你打气的次数越多,得分就越高(最终得到的回报就越多)。但就像真气球一样,你也要考虑打多少气。打得太多,气球就会爆炸。如果气球炸了,你一分也得不到。所以你可以放弃,可以随时停止打气,带着当前累积的分数退出游戏,而不是继续打气。这个选择更保险。这个游戏的基本思路就是尽可能多打气并积攒分数,避免气球爆炸而一无所获。不过,被试并不知道气球在第几次打气的时候会爆炸,每个气球爆炸点的设定都是随机的。

"这个游戏能充分反映人们在很多领域内采取冒险行为的整体意愿,"赫尔芬斯坦说,"为了获取更多分数,你打气的次数必须超过一般人的上限。你必须采取更冒险的行为方式。很多人在玩这个游戏时都很投入。当你玩的时候,你的紧张感会不断提升,因为你一方面要保证打气次数尽可能多,一方面还要保证气球不破。"

我可以证明这一点。当我去学校拜访她的时候,她很热情地邀请我尝试这个游戏。就像我在研究过程中尝试过的许多神经经济学任务一样,这种游戏特别有趣,甚至会让人上瘾。试玩过很多次这个游戏之后,我已经激动到身体前倾,得分时暗暗为自己叫好,输掉时满脸沮丧。这种刺激虽然不像飙车或跳伞那样强烈,但也非常振奋人心。从 BART 的结果来看,我的冒险倾向稍微超出平均水平。与大多数人相比,我更愿意选择继续打气,而不是拿到分数就退出游戏。这意味着我更容易做出冒险的选择。

如果赫尔芬斯坦用功能性磁共振成像(fMRI)技术扫描我

第三章 冒险与大脑 53

的脑部，她就可以通过观察我中脑边缘通路中的活动来预测我的BART得分了。在最新的一项研究中，她和同事们招募了108名被试参与BART任务，同时扫描他们的脑部活动。研究人员将得到的fMRI数据导入电脑程序，并利用分类算法分辨哪些脑活动模式暗示着冒险行为，而哪些暗示着求稳行为。具体来说，他们比较了游戏中继续打气者与中途退出者的脑活动数据，看大脑中的哪些区域最为活跃。

这一程序能够根据大脑前额叶皮层中的活动预测被试的决策情况，准确率可达70%。观察与被试冒险决定相关的脑部活动模式后，赫尔芬斯坦和同事们发现，当被试选择继续打气时，前额叶皮层以及岛叶、前扣带回等边缘系统内部位的活跃度减弱；当被试选择退出游戏时，这些部位的活跃度增强。因此，回想一下巴克霍尔兹所做的类比，人们在BART中选择继续打气的冒险行为时，大脑的"刹车"系统并没有被激活。赫尔芬斯坦表示，这一现象证明，人们如想做出最佳决定，强有力的控制中心是不可或缺的。

走也冒险，留也冒险

前额叶皮层从基底节和边缘系统获取信息，后两者都会计算不同结果的可能性，控制我们的行为。当米歇尔试图做出决定时，她必然要依赖自己的"慢思考"系统评估所有的变量。实际上，她的前额叶皮层似乎超时运作了。当她向我描述她的决策过程时，显然，她的 DLPFC 运转良好。尽管对这一冒险的决定感到兴奋，但她忍不住"踩下了刹车"。"走也冒险，留也冒险，"她叹了口气，"我只是想搞清楚在接下来的一年里哪种选择能让我更好过。"

考虑过所有选项，衡量了对她最重要的是什么以后，她最终做出了决定。尽管搬到得克萨斯工作能赚更多钱，但是米歇尔认为这样做的代价太高了。她爱自己的家，希望能留在家人和朋友身边。即使新公司的工作环境更有趣，她也不确定自己在新环境中需要花多长时间才能建立起和现在一样的关系网。假如新公司一两年后像很多初创企业那样倒闭了怎么办？离家那么远，她会觉得很无助。但米歇尔也承认，这不是她选择留下的唯一原因。目前的福利待遇也让她很满意。更高的薪酬确实很诱人，但比不上每年五周的带薪休假。因此，米歇尔满心不舍地决定拒绝这一工作机会，留在目前的公司。

"这个机会很好，但并不完美，"她解释道，"目前，迈出这一步需要我付出对我而言近乎完美的东西，代价太大了。"

米歇尔的中脑边缘通路权衡了这一冒险行为的利弊，并"踩下了刹车"。她的基底节和边缘系统基于她的欲望、需求和过往经验向前额叶皮层提供了关键的多巴胺信息。接着，她的前额叶皮层系统得以计算出最有利于她的主观性价值，在这个案例中导致她拒绝了这个工作机会。当压力来袭，米歇尔发现，朋友和家人的陪伴比一份有趣（但充满未知）的初创公司工作机会更重要。

其他人也许会用不同的方式衡量这些变量，比如更看重更优厚的薪酬或不那么古板的工作环境,并做出不一样的选择。他们也许一听到"得克萨斯州奥斯汀"这样的字眼就开始蠢蠢欲动着准备跳槽了。对我们每一个人而言,中脑边缘通路就如同一台风险计算器,基于我们的欲望、认知和未来的最佳利益,计算怎样的决定能给我们提供通往成功的最佳机遇。

米歇尔的故事似乎更像一个关于如何避免冒险的案例,毕竟,她最终没有选择去冒险,但这是权衡了两个都需要冒险的选项的结果。就像她说的,走也冒险,留也冒险。不过,谁又知道米歇尔在未来又会遇到什么样的机遇呢?她可能会在当地遇到一份有更多休假时间、更有前景的工作机会。随着时间流逝,她权衡冒险相关变量的方式也会发生变化。也许未来,在某些变量的共同作用下,米歇尔的中脑边缘通路会计算出不一样的结果,让她放弃目前稍显枯燥的工作,转而选择去初创公司工作。

第四章　冒险与基因

安迪·弗兰肯伯格（Andy Frankenberger）不喜欢被称为"赌徒"。有些人觉得这种想法有些吹毛求疵。毕竟，他在华尔街工作过15年，是位成功的股票衍生品交易员。现在，他是位扑克牌玩家，而且相当优秀。肯定会有人告诉你，"华尔街交易员"和"扑克牌玩家"基本算是同义词，但弗兰肯伯格表示，这两个领域都与赌博无关。

"的确，玩扑克牌会让你的钱处于风险中，就像投资或交易股票一样，"他说，"但在这两件事中，你都可以对把钱投到哪里做出睿智的决定。'赌博'一词有甘冒失败风险的意味。你如果去赌场，肯定会输钱，因为从长期来看庄家总是会赢的，毕竟胜率永远掌握在他们手中。然而，在扑克牌游戏和金融交易中，如果你有高水平的分析能力和严谨、细致的风险管理手段，那么长远来看，你赢钱的概率就会很大。"

他的亲身经历证实了这一点。作为扑克牌桌上的新人，弗兰肯伯格获得了"2011年世界扑克巡回赛年度玩家"称号。仅仅在巡回赛中历练了几年，他已经赢得了两次世界扑克系列赛冠军。其中一次，他战胜了大名鼎鼎的菲尔·艾维（Phil Ivey）。艾维是全球公认的最伟大的扑克牌玩家，沉默寡言，眼神锐利，扑克牌水平无懈可击。

可以说，弗兰肯伯格在两种冒险事业中都有所建树，而且都是在入行不久后。人们很好奇他是怎么做到的，他表示是因为他"严谨、细致的风险管理手段"。这可能是一部分原因，但考虑到他非同寻常的成功经验，我忍不住想，他的成功是否应更多归因于先天资质，而非后天习得的技能？毕竟，冒险者不是天生的吗？弗兰肯伯格是否天生具有让冒险行为能够成功的特质？他是否天生具有快速、准确地计算风险并保障自己利益的能力？是否有可能，这种特质就隐藏在他的基因中？

影响冒险的诸多基因

那么，什么样的基因会影响冒险行为呢？其中一种可能是被一些人称为"冒险基因"的DRD4。这一基因包含一种特殊的多巴胺受体——D4受体。这一受体能够控制流经中脑边缘通路的多巴胺水平，从而影响我们对风险的认知。

你可能会问，这个过程是怎样的？受体在突触传递（即信号在皮层中的传导过程）中发挥着重要作用。当脑细胞向突触或细胞间空隙释放出某种神经递质，如多巴胺时，邻近的细胞就会利用特定受体提取这些神经递质。这些受体实际上是位于细胞膜上的特殊蛋白质。如果负责控制行为的某一特定脑区缺乏足够多的D4受体，通路中"油门"部分的多巴胺含量就会剧增，从而提升这一部分在冒险决定中的影响力。这会导致我们在风险计算中更重视回报，轻视追逐回报可能导致的消极后果。特别是DRD4-7R这一基因变体，其重复序列能够重复7次甚至更多。这一等位基因通常与注意力缺陷多动障碍人群以及无脑部损伤但冒险行为增多的人群的冲动性行为有关。

印第安纳大学金赛研究所（Indiana University's Kinsey Institute）的一位进化生物学家贾斯汀·加西亚（Justin Garcia）表示，从进化论的角度看，DRD4是非常重要的。这一基因，特别是7R基因变体，很可能是在数万年前从非洲起源的人类开始向世界其他区域迁移时被挑选出来的。这一基因与人类的冲动和猎奇行为有关，而这两种行为均与冒险有密切的联系。加西亚认为，史前人类脑部的大量多巴胺促使他们不再满足于在当前领地上生活，而会前往新的领地寻找伴侣、食物和住所。带有7R基因变体的人更容易冒险，因此也更容易获利。

加西亚与纽约州立大学宾厄姆顿分校的人类学家杰弗里·K. 鲁姆（Jeffrey K. Lum）带领一群跨学科研究者，对DRD4如何影响当今社会人们的冒险行为进行了研究。这一团队招募了年龄为18~23岁的98名男性，检验他们是否拥有7R基因变体。实验过程很简单，被试将漱口水在口腔里漱一漱并吐到试管里，研究者就可以得到实验所需的 DNA 了。结果显示，24 名被试拥有这一特别的基因变体。

为了检测被试的冒险倾向，研究人员让这 98 名被试玩一个简单的金融游戏。一开始，每名被试会得到 250 美元，他们可以选择任意数额的钱——从一个子儿不花到全投进去——进行掷硬币游戏。如果被试赢了游戏，他会获得本金的 2.5 倍作为奖励；如果被试输了，他就会丢掉他下注的本金。因此，如果被试下注 100 美元，他就有可能获得 250 美元的奖励，一共拿到 500 美元。他如果输掉游戏，就会失去 100 美元，只剩下 150 美元。这种游戏设置意味着你如果愿意冒险赌上大部分钱，就有可能获得巨额奖励。

分析最终数据时，研究者发现带有 7R 基因变体的被试更有可能大额下注，以赢取更多奖励。他们认为这一结果证明了 7R 基因变体与冒险行为的相关性。这一研究团队还发现了 7R 基因变体与性行为——具体指性伴侣总数和发生更冒险的一夜情的次数——之间的相关性。此外，研究人员也在桥牌游戏的下注倾向中得到了同样的结论。总之，7R 基因变体对人们的决定行为必然是有影响的。拥有这一变体的被试在不同任务和环境中都倾向于采取更冒险的行动。

"当然，这只是一个基因，它对冒险这种复杂行为的影响是微弱的，但这些细微的影响会积少成多，"鲁姆解释道，"在一定程度上，评估风险就像在头脑中运行某种算法一样。不同的基因变体意味着算法在不同大脑中的运行方式有细微的不同。结果是，不同的人会运行不同的算法，以确定是否要冒险。最终经过长时间的累积，算法的细微差别会使不同的人过上不同的生活。"

西北大学的研究者也发现，DRD4基因变体能够影响人们在金融方面的冒险决定。他们还发现了另一个与冒险相关的基因——5-HTTLPR，这是一种5-羟色胺转运蛋白基因。D4受体并非唯一会抑制多巴胺的生物学因子。俗称"血清素"的5-羟色胺同样是一种神经递质，被称为"多巴胺刹车器"。当它被释放出来时，多巴胺就会在一定程度上失去兴奋性。也就是说，如果大脑中5-羟色胺含量升高，回报在决策过程中的重要性就不像多巴胺浓度高时那么大了。5-HTTLPR的作用是将5-羟色胺移出突触，送回原始细胞内，从而保障细胞内有足量的5-羟色胺，以备将来之需。因此，5-HTTLPR能够确保大脑中有足量的5-羟色胺来平衡多巴胺的浓度。

西北大学凯洛格商学院（Kellogg School of Management）教授卡梅莉亚·库伦（Camelia Kuhnen）和心理学家乔琼（Joan Chiao）为研究这两种基因，招募了65名被试（包括26名男性和39名女性）来玩一个线上投资游戏。在96次实验中，被试要在风险投资和零风险投资之间做出选择，且无法在游戏期间得知自己的整体表现如何。被试也提供了少许DNA以供基因研究。研究者发现了一个有趣的效应：拥有较短5-HTTLPR变体的被试更抗拒冒险，参与冒险行为的倾向比拥有较长5-HTTLPR变体的人少28%。相比之下，拥有DRD4-7R变体的人参与冒险行为的倾向比其他人高25%。因此，脑内5-羟色胺含量的升高会减少冒险行为，让人们更愿意"踩刹车"；另一方面，多巴胺含量上升时，人们则会更重视回报，增加冒险行为。

其他研究也发现了与多巴胺相关的基因与冒险行为的联系。不列颠哥伦比亚大学（University of British Columbia）的一个研究团队发现，携带DRD4基因的一种特殊变体的滑雪者更容易在坡上做出危险动作，哪怕曾经因此受伤。科学家还发现了其他基因与冒险行为的变化的联系。研究者发现，一种在长期范围内降解多巴胺和其他神经递质的生物酶——儿茶酚-O-甲基转移酶在我们认识和处理风险方面发挥了重要作用。冒险行为还涉及许多其他的基因，其中有些还未被发现。简单来说，影响冒险行为的基因并非只有一个。像冒险这样复杂的行为可能受到许多乃至无数基因相关因素的影响。每个因素都能够细微且显著地影响大脑中关于决定的自然算法。

"我们假设每个人看到、尝到、感知到的事物都是一样的。但实际上，每个人大脑的运作都不相同，而这是我们基因中的无数细微差别导致的，"鲁姆说，"因此，我们不应假设所有人都拥有同样的基础、仅仅某个基因存在差别，而应当假设个体之间是截然不同的。我们会玩一样的桥牌游戏，但在下注时会做出不同的决定，是因为我们的头脑对风险的接受程度不同。面对同样的信息，我们的思考方式不同。"

我很认同这一点，特别是在ESPN频道的经典重放节目中看到弗兰肯伯格玩扑克牌以后。显然，不论是在扑克牌桌还是在股票市场上，他解读信息的方式都和我不同。我不想说谎：我对股票衍生品这种东西的了解仅限网上能搜到的信息。哪怕经过耗时耗力的培训，我也无法保证我能够成功交易这些产品。那么扑克牌呢？首先，我不经常玩扑克牌；其次，哪怕玩，也更多是朋友之间的消遣，而非为了取胜。但弗兰肯伯格似乎轻而易举地在华尔街和世界扑克巡回赛中都取得了成功。我想让他解释自己为何成功，想知道他扫一眼股票报价机或手中的扑克牌时关注的是什么。他告诉我，他关注的是数字。

"作为一名华尔街交易员，你的任何行为都是关于风险管理的，"弗兰肯伯格沉吟着说，"你要决定你想冒多大的风险，什么时候买入，什么时候卖出。当事情进展不顺利时，你也需要保持镇定。你需要努力让盈亏引起的情绪完全不影响到你做出正确决定的能力。这些能力在扑克牌桌上也非常适用。"

他解释说："扑克牌说到底是一种智力游戏，里面隐藏着许多挑战。你不光要在头脑中计算这些数据，还要观察对手。你需要演技，需要读别人的心，也需要明白别人是如何解读你的。此外，这还是一种数学游戏。我超级喜欢数学。我喜欢思考数字，以及和数字打交道。"

如何实现风险最优化

不同的基因变体、不同的大脑和不同的风险接受程度，这些都可以理解。但当我们看待冒险这一特质的时候，我们好像仅仅谈论了消极行为，尽管从抽象意义上说，打牌、赌博、混乱的性生活、入狱和飙车等事情听上去很刺激，却无法为你带来生活中的成功。遗传学能否告诉我们做出最优选择的方法呢？它能否告诉我们如何恰当地评估与个人利益相悖的风险呢？也许可以。这个过程与一种名为"单胺氧化酶"的生物酶有关。这种酶可以影响多巴胺等神经递质，使它们失去活性。

制造单胺氧化酶的基因MAOA非常有趣。它与一系列神经精神疾病相关，包括注意力缺陷多动障碍、焦虑障碍、自闭症和反社会人格障碍等。当人们研究冲动行为的基因因素时，MAOA的身影反复出现。许多囚犯携带导致这一低表达基因变体。鉴于MAOA能够刺激单胺氧化酶的分泌并阻止神经递质的传递，它与这些精神疾病有关也不奇怪。MAOA还和攻击性行为有关。由于和攻击行为、犯罪活动等存在相关性，它也被称为"战士基因"。

加州理工学院的神经科学家加里·弗莱德曼（Cary Frydman）认为，有时冲动和攻击性行为并非坏事。毕竟在某些情况下，保持一定的攻击性或者冲动对你是有益处的。这让他好奇这一基因的变体是否存在差异——也许这一基因并非一些研究显示的那么糟糕。

为了考察这一点，弗莱德曼和他的同事们招募了83名19～27岁的男性志愿者，要求他们在不确定和确定的事物中进行选择。每名被试要进行 140 次实验,要么确定得到 2 美元,要么进行一次胜率五五开的赌博,赢得 10 美元或输掉 5 美元。通过这种游戏设定,研究者可以观察的不仅有冒险本身,还包括被试在整个实验进程中如何做出选择。毕竟长期看来,个人选择中的风险是不断变化的。被试选择赌一把的行为可能看上去有些冒险或者冲动,但在一些情况下,这样做使被试在整个实验进程中获得了更有利的选项。也就是说,被试能带着更多的钱回家。研究者还从每个被试身上提取了唾液,以确定其 MAOA、D4 受体 DRD4 和 5-HTTLPR 等基因的类型。

研究者发现,携带"战士基因"的变体 MAOA-L 的被试更容易选择"赌一把",在整个实验进程中选择能将自身利益最大化的决定。比起携带其他 MAOA 变体的人,这些人通常会带着更多奖金回家。弗莱德曼认为,这些"战士"并非冲动或者带有攻击性,而是格外重视自身利益的最大化。在很多情况下,MAOA-L 的携带者会计算风险,不放过好机会,这使他们的行为看起来有些冲动或带有进攻色彩。他认为,MAOA-L 的携带者更擅长做出最优或能帮助他们达成预期目标的选择 —— 无论是让他们在实验后得到更多奖金,还是足以改变人生的选择。因此,我们有时候需要冲动的或具有攻击性的行为。这些并非总是坏事,可能会让一个扑克牌玩家下更大的赌注,也可能会让你得到心仪异性的注意力。弗莱德曼认为,在不同情境下,MAOA-L 基因变体能使携带者充分集中注意力,比较潜在的风险与回报,抓住成功的绝佳机遇。

那么，弗兰肯伯格是否具有这一"战士基因"的变体呢？也许有，但据我所知，还没有人分析过他的唾液。我能确定的是，他很享受自己的胜利，也一直强调扑克牌桌上的最佳决定需要建立在谨慎的分析过程上。"对我来说，最重要的是利用我的分析能力判断下注模式、时机、赌注大小和已知的牌等因素，"他说，"不过你也可以观察一下其他玩家。你能从他们的表情和玩法中获得信息。这是会影响我在牌桌上的选择的因素之一。"

这些因素都建立在数据上，正是关注数据的行为帮助他赢得了胜利。看弗兰肯伯格之前的比赛时，我发现他有时表现得很有攻击性，非常渴望胜利。这是他风险管理中的另一部分。

基因也没有那么重要

按照遗传学研究者的说法，不仅成功的冒险需要计算，基因的因素也十分重要。我可能不像弗兰肯伯格那样热衷于数据，但我以前也是一个冒险家。这让我好奇，我能否在自己的基因中找到乐于冒险的证据？宾厄姆顿大学的鲁姆帮我检测了我的DRD4基因类型。我在含漱了30秒漱口水后，将其吐在一个试管中，再把试管寄给鲁姆的实验室。几个月后，他给我回了封邮件，表示我并没有7R变体。

"你的DRD4基因变体为4R/5R，"他写道，"4R很常见，5R比较少见，还没有得到广泛研究。你面对刺激的典型反应也许正是 4R/5R 编码的结果。"

我身上并没有所谓的"冒险基因"。从遗传学的角度看，我并没有某种特定的多巴胺受体基因，因此我母亲怀疑我天生调皮捣蛋的说法似乎并无依据。不过，鲁姆表示，仅仅是一个基因而已，对冒险这种复杂行为的影响微乎其微。基因类型永远无法为人们处理事情和认知风险的方法提供完整的解释。

不同的基因、不同的大脑会导致评估和应对风险的不同方式。当你选择求稳的时候，你可能一直在疑惑为什么自己的兄弟姐妹、伴侣、朋友或某个陌生人选择了另一种方式。基因给了我们一种解释。研究者也证明了冒险行为与 DRD4、MAOA 的特定变体呈现相关性。但是，在有关"冒险基因"和"战士基因"的研究中，基因在冒险中的作用很容易被夸大。联合学院（Union College）的一位心理学家克里斯托弗·查布里斯（Christopher Chabris）主要研究基因对人体复杂行为的影响。他说，随着研究样本的不断扩大和基因分型技术的不断细化，很多我们曾经认为与智力、共情和冒险行为密切相关的基因，实际上对前述行为并没有多深的影响。换句话说，随着遗传学研究的不断深入，我们发现，所谓"冒险基因""战士基因"等因素在人类行为中并没有那么强大的作用。

"对任何一种复杂行为的基因研究中最重要的一点是，要明白个体的基因变体对行为的影响极其微弱，"查布里斯表示，"我们在进行了这么多研究后的心得是，人类的行为会受到数百个甚至数千个常见基因变体的影响。真正的挑战也在这里。如果基因的影响不显著——每个基因变体的影响微乎其微——除非你研究的样本量特别大，能够包含几万人，否则你是无法从这么多干扰信息中得出有效结论的。"

目前，针对冒险行为的基因研究中，还没有哪个覆盖了这么大的样本。这也提出了问题：对冒险行为中 DRD4 或 MAOA 基因作用的研究能否经受时间的考验？我们无从知晓。随着研究人员不断对冒险行为进行基因研究，更多的相关基因会被发现。但我们应该明白，不应仅仅考虑其中的某个基因。就像查布里斯说的，任何行为特质都会受到成百上千个常见基因变体的影响。因此，我们没必要太在意 DRD4 或 MAOA。更重要的是，科学家们已经证实，基因的确能够影响我们对风险的认知，我们记住这点就够了。

我还需要声明一点：冒险行为中的基因影响只是提供了一定可能性，而不是决定性的。什么意思？你就算携带着"冒险基因"或相关的任何基因变体，也不意味着你必然会选择冒险行为。你就算没有携带"冒险基因"，也不意味着你必然不会冒险。以我为例，我没有携带 7R 基因变体，但我依然觉得我在大多数时候都是一个冒险者。

任何行为都是生理因素与周围环境复杂的交互影响的结果。带有特定基因构成的人可能拥有进行冒险的生理基础，在我们看到危险时能看到机遇，但他们也有充当刹车系统的前额叶皮层，会用有些过时的原因抑制自己的冲动。

我就是活生生的例子。尽管以前的我乐于冒险，但我最近一直狠狠地"踩着刹车"，甚至有些过头。就算我确实拥有DRD4以外的能提高冒险倾向的基因，我也能轻轻松松地控制它。因此，基因研究的重要性在于向我们展示了大脑的生理差异如何影响冒险与决定，面对冒险情境时不同大脑中的神经化学信号又是如何不同。但正如鲁姆所说，无论冒险有多吸引你，你始终有一个从认知上否决它的选项。我们的前额叶皮层，也就是大脑的"慢思考"系统，始终可以让我们避免冒险，选择求稳。

"我们都有欲望。很少有人想做什么都能去做。因此，每个人在生活中都拥有一种抑制欲望的'刹车系统'。不同的是，生理上的差异使有些人比其他人更频繁'刹车'。"鲁姆笑着说。

我不知道安迪·弗兰肯伯格的基因构成中隐藏着什么。我不确定他是否携带着冒险基因的变体，是否比别人更难"踩刹车"。但实话说，即便我真的知道，我也只能了解他行为的部分原因。基因无法告诉我我想知道的全部。

为什么？因为没有哪个单独的基因能主导我们应对风险的行为。同时，不同的基因变体意味着不同人对风险的认知存在差异。与此类似，我们对特定情况的反应也会有所不同。

弗兰肯伯格了解这种个体差异，甚至会不经意地在扑克牌桌上利用这种差异。他会观察其他玩家和他们手中的牌。他会观察其他玩家如何应对不同的情境，并利用这些信息决定自己下面该

第四章　冒险与基因

出什么。这一点明确到无须基因检测。

"要想成为好的扑克牌玩家,最重要的一点是成为一名好的决策者,"弗兰肯伯格告诉我,"这要求你直击问题核心,将复杂的情况分解成简单的成分,并在做决定时关注你应当关注的事情。我想,当你在生活中面临一些重大的选择时,这些技能也会帮到你。"

第五章　冒险与性别

我们来玩个游戏：靠后坐，放轻松，想象一个成功冒险者的形象。想象一下那个人因为冒险取得巨大的成功——也许他冒的险正是你梦寐以求的。

我不知道你选择了谁，但我猜你选择了一位很有进取心的人，这个人渴望成就，在看似不可逾越的困难面前专注自己的目标。这位冒险者自信而强韧，就算冒着最疯狂的险也会永远保持理智。当你看到这个人的成就并了解其达成目标的方式时，你会对其充满钦佩（甚至感到一点疑惑）。这个人是一位实干家，而非旁观者，总能通过努力完成我们认为无法做到的事。

而且，你脑中的这个形象应该是名男性。

是的，我猜你们大多数人在思考这样一种形象时想到的都是男性：可能是一名赛车手、专业运动员、士兵或警察。这并不奇怪。我们通常认为，男性天生比女性更喜欢冒险。这并非简单的性别主义印象，而是得到了科学和历史证明的现实。我们选择冒险与否和我们的生理结构有关，确切地说，与我们体内的相关激素有关。

L. 戴维斯上校是北卡罗来纳州纳什维尔一带"天穹消防救援队"的一位经验丰富的消防员。当我想到"成功的冒险者"时，第一个浮现在我脑海中的便是这个人。消防员是一份危险的工作，受伤甚至死亡率都很高。像大多数消防员一样，戴维斯的特质颇像个英雄：强壮、有责任心、有勇气，更不用说可以眼睛不眨地冲进火场了。戴维斯为人也很谦逊，是那种会说"哦，糟了"的类型。我想知道，当其他人本能地躲避危险时，是什么激励着消防员冲向火场。我以为我会听到一些套路化的回答，比如"总有人要做这份工作"或者"你帮助别人的时候会把其他事抛在脑后"之类的话。然而，戴维斯告诉我，很多消防员热爱这份工作，是因为它能带来快感，让他们在处理这些危险情况时感到兴奋。

"很多消防员都说，这份工作是无与伦比的。"戴维斯低声说，带着一副若无其事的表情，好像这种快感是理所应当的。

"你呢，你喜欢这种快感吗？"我怀疑地问道，并试图想象在什么样的情境下我会愿意不顾一切地冲进火场。除了救我的孩子，我实在想不到其他的。（尽管我很爱我的孩子，但如果火场附近有专业消防员，我还是会犹豫要不要亲自冲进去。）

"当然，我们并不是经常遇到火灾。我们大多数时间都在训练或者在做急救，"戴维斯强调，"但如果真遇到火灾，没有什么比冲进火场更爽的了，这件事带给我们很多快乐。"

谈到性别，你能想象，戴维斯工作的消防部门称得上是个"男孩俱乐部"。这是消防队的常态。这份工作对身体素质、心理素质和情绪稳定性的严格要求是很多人无法达到的。所以，当我问戴维斯当地消防部门中女性数量多不多的时候，答案一点儿也不令我感到惊奇。

"只有几名女性，我知道的有几名司机和一位新晋女中尉，"戴维斯说，"我不知道准确的人数，但估计一下，这个城市大概有15名女性消防员——相对整个部门的300名员工来说。"

在300个人里仅有15名女性，这比例相当低。再看一下军队和警察局等相似的高风险职业，你会发现性别比大体如此。这些数据符合我们对冒险与性别的认知。人们普遍认为，男性气质使男性更容易采取冒险之举。另外，女性本性不爱冒险，比起男性更安静、害羞。

这种说法很像20世纪50年代的情景喜剧对两性的固有偏见。但从历史角度看，科学研究表明，这种偏见的存在是有原因的。为什么呢？从冒险行为的生理基础来看，最强的标志性因素是Y染色体，也就是男性性别。从数据上看，男性比女性更容易打架斗殴、飙车、参加极限运动、酗酒、赌博和被捕。这可并不意味着女性完全不会出现这些不良行为。但从整体上看，女性在危险行为方面的表现与男性是不同的。无数次研究发现，在其他条件一致的情况下，男性比女性更容易采取危险的生活方式。

要想剖析这一问题的本质，我们需要进化论的观点。你可能听说过，由于承担的责任不同，男性比女性更容易冒险。男性需要外出捕猎，养家糊口；女性需要留在家里，养育孩子。但还有一点需要注意。在包括人类在内的动物界的多数物种中，基因决定了体型更大的性别——多半是雄性——需要开疆拓土，寻找新领地。这样做有助于他们寻找伴侣进行繁殖活动，也有助于他们寻找食物和庇护所，还可以避免近亲繁殖，对后代造成不利影响。生理条件让男性更容易冒险，更频繁外出探索，确保这一种群在未来能够存活（如果幸运的话，也许还能兴旺发达）。我认为这是有道理的。但我一直在想，如果女性也参与冒险活动，她们是不是也能够从中获益？为什么是男性收获了冒险的全部乐趣呢？

睾丸激素的作用

历史和经验可能会让你认为，男性之所以更爱冒险，是某种生理属性决定的；在激素和神经化学物质的影响下，男性变得具有"男人味"，更容易做出冒险的决定。科学家们也想到了这一点。他们最先想到的影响物质是睾丸激素——男性体内重要的性激素。

哈佛大学的研究人员想探究睾丸激素是否造成了冒险行为的性别差异。当研究人员研究股票市场交易人员体内的睾丸激素含量时，得出的结果相当有趣。在这些人体内睾丸激素水平较高的日子里，他们的收益也高。睾丸激素水平是变化的。性行为、搭讪漂亮女孩或者进行一些高强度健身训练，睾丸激素水平都会上升。研究者发现，较高的睾丸激素水平和较大的收益呈正相关。

尽管这一发现具有积极意义，但这也有点儿像"先有鸡还是先有蛋"的问题。究竟是较高的睾丸激素水平让人们更爱（理智地）冒险，还是人们在取得更大收益后睾丸激素水平提升了呢？没有人知道答案。

科学家们知道的是，较高的睾丸激素水平不仅与股票交易市场上的成功相关。睾丸激素水平较高的男性更容易挑战极限，形象上也有些共同点。当你看到一位健康、阳刚、强壮的男性时，你就可以判断他的睾丸激素水平较高。他可能是一位冒险家，在人生的每个十字路口都会打破常规、挑战权威。像戴维斯上校一样，他喜欢那些会带来快感的工作。他富有魅力、性格开朗，甚至有些自我中心。他想做一些带有英雄色彩的工作。戴维斯所在的消防部门可能就有不少这样的人。

所以，可以通过睾丸激素水平的上升预测冒险行为吗？为了找到答案，哈佛大学的人类学家科伦·阿皮塞拉（Coren Apicella）带领一个跨学科的研究团队，决定通过一个简单的金融游戏来考察一下睾丸激素如何影响男性的行为。阿皮塞拉招募了98名18～23岁的男性被试——这次招募同时为前文中贾斯汀·加西亚和杰弗里·K. 鲁姆对DRD4与冒险行为的研究提供了数据。在开始游戏之前，研究人员对每位被试的睾丸激素水平进行了测量，一份简单的唾液样本就可以提供关于睾丸激素水平的数据。

研究人员还测量了每名被试的面部男性化指数和2D∶4D指数。2D∶4D指数指的是双手食指和无名指的长度差（下文简称为"手指率"）。

你可能会疑惑，既然研究人员可以直接测量睾丸激素水平，为什么还要评估面部男性化指数、测量手指率呢？这是因为，这样做可以让研究人员掌握个体的睾丸激素分泌的历史水平。较高的睾丸激素水平不仅与上面列举的彰显男子气概的行为相关，还与青春期逐渐形成的轮廓分明、阳刚的面容有关。想一想澳大利亚演员休·杰克曼和西班牙演员贾维尔·巴登，他们面相硬朗、阳刚，拥有突出的眉骨和粗犷的下颌线。因此，面部评估可以显示出被试在青少年时期的睾丸激素分泌情况。

那测量手指率又是为什么呢？相比其他手指，胎儿时期较高的睾丸激素水平会减缓食指的生长速度，从而缩小食指和无名指的长度差。因此，男性的面部形态和手指率不仅能体现他们当前的睾丸激素分泌情况，还能告诉我们睾丸激素在他们成长过程中的水平变化。总之，这些数据能够提供被试睾丸激素的整体情况。

收集了这些信息后，阿皮塞拉和同事们让被试在一个博弈游戏中做决定。这个游戏我们之前也介绍过：每名被试开始时拥有250个筹码，他可以选择一定数额作为基础筹码参与掷硬币的游戏。他如果赢了，就能获得基础筹码2.5倍的回报；如果输掉游戏，就会输掉基础筹码。也就是说，被试决定用100个筹码下注的话，赢了就可以获得250个筹码，使总额增加到500个筹码；

输了就会输掉100个筹码，最后剩下150个筹码。如此一来，假如被试下注足够大，他就有可能赢得超过600个筹码。

结果不会让你很惊讶：阿皮塞拉的研究团队发现，在实验或博弈游戏开始前睾丸激素水平较高的男性在下注时更容易赌上更多的钱。阿皮塞拉认为，不能简单地断定这是种因果关系。虽然她相信睾丸激素在冒险行为中起了重要作用，但是现有的数据无法证明睾丸激素水平的升高必然会导致男性做出冒险决定。而且也有其他研究显示，睾丸激素与冒险之间的关联出现在所有冒险者身上，而不仅仅是男性身上。

是的，女性体内也有这种造就男性特质的激素。尽管长久以来，睾丸激素被视为男性的性激素，但女性也会分泌这种物质，就像男性也会分泌女性的性激素——雌激素一样。实际上，睾丸激素与雌激素的分子结构很相似。在人体内和大脑中，其中一种均可与另一种的受体结合。我们身体也会分泌大量芳香化酶，在这种酶的作用下，睾丸激素可以被转化为雌激素。你可能会质疑，既然研究人员在女性身上也发现了睾丸激素与冒险行为的相关性，我们为什么一开始会坚持这些激素的性别含义呢？

西北大学凯洛格商学院的一名教授宝拉·萨皮恩扎（Paola Sapienza）发现身边的女性在经济决定中倾向于拒绝冒险，她想知道其中的原因。她注意到，在凯洛格这一顶尖商学院读完MBA课程的女生中，仅有很少一部分人在毕业后选择金融行业中高风险（同时高收入）的工作。这让她感到烦恼。为什么如此多聪明、有能力的女性会拒绝这些有着大好前景的事业呢？她想知道睾丸激素是否在其中起了作用，并决定通过实证研究进行探索。

萨皮恩扎和同事们从芝加哥大学布斯商学院（University of Chicago Booth School of Business）招募了 500 名 MBA 学生参加一个金融风险游戏，以此收集了一些激素相关数据，用于观察睾丸激素和冒险行为之间的关系。与阿皮塞拉的研究一样，这项实验中的睾丸激素水平是通过手指率和唾液样本获得的。随后，被试被要求去玩一个电脑游戏，研究者则记录他们的冒险行为。

在 15 次实验中，被试要么选择一笔金额不一但确定的钱（在 20 到 120 美元之间），要么选择一张有风险的彩票（从"谢谢参与"到 200 美元，中奖率均等）。因此，在某次实验中，你可能会面临一边是确定的 75 美元，另一边是 200 美元或 0 的选择。这一游戏的本质在于，抗拒冒险的人总是会选择确定的钱，但冒险者会选择彩票，期望赢得更多。

这一研究和阿皮塞拉的研究得到了同样的结果。从整体上看，男性比女性更容易选择彩票，但也有相当数量的女性选择了彩票，这些女性的睾丸激素水平明显高于那些选择求稳的女性。这再次证明，无论男女，较高的睾丸激素水平都与冒险行为呈现正相关。

这一发现不仅局限于游戏，现实生活中的决策过程也与睾丸激素密切相关。这些研究人员决定追踪这些被试毕业后的情况，看看他们在取得学位后会选择什么样的工作。有趣的是，研究人员发现，睾丸激素水平与女生毕业后选择的工作有关系。睾丸激素水平越高，女性就越容易接受金融行业风险更高的工作。在这一案例中，较高的睾丸激素水平起到了预测的作用。

综上所述，很明显，较高的睾丸激素水平与冒险行为有关。由于男性天生拥有更多睾丸激素，有人认为男性的冒险倾向有一定的生物学原因，但这并不意味着女性完全抗拒风险。相反，睾丸激素水平也与女性的冒险行为有关，无论是简单的赌博任务还是更多实际应用——例如毕业后从事何种职业。这样看来，在冒险这一问题上，睾丸激素水平的影响并无性别差异。

冒险性别比的变化

当然，金融游戏只包含一种类型的风险。我们扩大冒险的范围后会发现，更多的科学证据表明男性是天生的冒险者。毕竟，当你想到冒险家时，你首先想到的可能是极限滑雪运动员或跳伞运动员，而非一个金融理财专家。而且，过去的心理学研究表明，男性更倾向于参与刺激的活动，从而得到兴奋感。

寻求刺激者属于一种特殊的冒险者，他们总在追寻新奇、紧张、与众不同的经历。为了得到快感，寻求刺激者会投身于未知环境中，完全不担心会在生理、社会、法律和金钱方面遇到的风险。马文·扎克曼是首位研究寻求刺激的行为的心理学家，他认为这种行为包含四个维度：寻求快感、寻求体验、免除抑制和无聊敏感性。重度寻求刺激者喜欢能带来快感的活动，如跳伞和飞行（在戴维斯的案例中则是救火），他们会通过旅行、吸毒和非传统婚恋关系等方式寻求新奇、未知的体验，会追求失控的感觉，同时无法忍受无聊。重度寻求刺激者无法忍受那些无法充分刺激他们的活动，因此比平常人更容易冒险。

过去，人们一直认为寻求刺激者以男性为主。但最近，苏格兰圣安德鲁斯大学（University of St. Andrews）的研究人员开展了一项元分析，在将关于刺激寻求行为的几十项研究进行对比后，获得了一些有趣的发现。他们发现，在免除抑制和无聊敏感性方面，男性占据绝对主体。相比之下，女性更能忍受孤独，也更有意愿控制自己的情绪。50 年前扎克曼刚开始研究寻求刺激的行为时得出的结论，如今依然适用。

但在寻求快感的行为方面，性别差异并不大。如今，科学家并没有发现男性和女性在寻求快感的行为方面存在显著差异。在实验室外，这种差异也并不显著。20 年前，大多数得到赞助的极限运动员都是男性。如今，顶尖的户外运动用品公司"北面"（The North Face）共赞助了 56 位运动员，其中有 17 位女性。虽然男女比例并没有达到 1 比 1，但是 30% 也相当不错了。

研究表明，女性寻求刺激的行为发生变化，一个主要因素是时代变了。如今的社会规范允许女性冒险，现实世界也支持这一点。女性不用再保守地坐在客厅里，交叠脚踝，完成复杂的十字绣了。在如今的社会，女性可以甚至被鼓励去参与各种有趣、刺激的户外运动。

另一个因素是，人们逐渐开始承认对刺激和冒险的热爱。大多数美国人都听过某些远房女性亲戚的故事：她们反抗丈夫的意愿，参加游行，要求获得选举权，而后移民到美国，除了丝绸披肩和几枚硬币以外身无长物；在那个大多数女性不得不在 18 岁之前结婚的年代，她们中有人甚至拥有几段疯狂的婚外情。我的家族中就有这样的人。尽管我们很乐意谈论过去的疯狂行径，但在当时，她们的亲属可能不太愿意把家丑外扬。毕竟，她们藐视和挑战了当时的社会尊崇的价值观。当社会的包容度不断提升，人们逐渐接受女性追求独立和冒险的权利，我们也就不再把这些疯狂行径视为耻辱了。我们乐于谈论过去的不堪。如果社会已经逐渐把女性独自在非洲旅行或者去高山滑雪视作平常事，那么在接受研究人员的调查时，女性也会更愿意承认自己对冒险活动的喜爱。

因此，我们能够看到，冒险活动参与者中女性的比例升高，而其中有些人可能从以前就开始这样做了。这种"社会范围内传播的信息"宣传了新的文化价值与社会规范，能够影响人们的冒险行为（以及对这些行为的描述）。

当你更细致地思考冒险研究和科学家用来衡量冒险行为的方法，你就会更明白"社会范围内传播的信息"的重要性。大多数研究关注的是金融类型的任务或彩票，这种方法很老派。如果我们考察一下其他冒险行为中的性别差异，男性在冒险行为中还会成为压倒性的一方吗？也许不会。

贝恩德·菲格纳（Bernd Figner）在荷兰奈梅亨大学（Radboud University Nijmegen）研究风险决策。他和他的同事埃尔克·韦伯（Elke Weber）想知道大量研究中冒险行为呈现性别差异的现象的原因。两人回顾了其他学者衡量冒险行为的方法后发现，其实女性也很热衷冒险，只不过在常见的博弈游戏中，她们倾向于不投入所有的本金。女性更容易在社交场合尝试冒险行为，也许她们对社交场合中的不确定性感到很自在。研究发现，女性更容易在群聊时提起一个不受欢迎的话题，也比男性更容易跳槽。这些举动都具有一定风险。

"虽然有证据表明女性比男性更抗拒冒险，但现实情况比这些证据复杂和模糊得多，"菲格纳说，"有人愿意冒险，有人却不愿意，其中一个很重要的因素是对环境的熟悉度。如果你对某个环境很熟悉，那么你对风险的认知就会改变。"

菲格纳认为，男性之所以在这些实验中更容易冒险，是因为他们对金融相关的任务和情境更熟悉。"从历史角度看，女性参与风险性金融决策的经验不足。这解释了为什么许多研究都得出了女性冒险的可能性较低的结论。但在生活中其他领域，这一情况就会发生改变。研究发现，在社交场合中，女性比男性表现出了更多的冒险特质。"

在瑞典西部大学（University West）从事青少年冒险行为研究的玛格丽塔·博林（Margareta Bohlin）也发现了相似的趋势。她正在进行的研究表明，冒险行为的性别差异其实是文化的衍生品，因为社会对男性和女性的行为的接受程度不同。想想看，不久前，人们还不习惯女性参与极限运动和冒险活动。这意味着哪怕女性对这些活动感兴趣，她们也没有机会参与。就算参与了这些活动，由于害怕受到嘲讽和指责，她们也不会分享这些经历。如今，女性可以做任何事了。潜水、出国旅行和攀岩等活动成了男女都可以参与的事。女性还被鼓励去获得工程学与计算机的学位。但女性的哪些行为是可被接受的、男性和女性应该和不该做什么等文化因素依旧在影响我们对风险的认知。

"风险的范围和定义这些概念会随着时间变化。我们现在觉得很正常的行为可能在几十年前曾被视为冒险，反之亦然。以吸烟为例，几十年前，人们不觉得吸烟是一种冒险行为，但现在我们都知道这很危险，"博林表示，"我的研究显示，尽管女性眼中的冒险行为比男性眼中的更危险，但她们参与冒险的程度与男性是一样的。如今，女性能够自由参与曾经被认为是男性专属的冒险活动。"

越来越多的研究得出了类似的结论。女性越发积极地参与到以前禁止女性参与的冒险和刺激行为中，表现和男性不分伯仲。不过，博林也发现了一个有趣的区别。

一系列采访和对冒险行为的小组讨论表明，女性对很多活动风险程度的评估都比男性的高。即便风险认知水平高，她们依然参与了极限运动、聚会、无保护性行为等冒险活动。因此，博林发现男性和女性的风险认知有差别，但是实际行动——冒险和寻求刺激的行为并无区别，这是为什么呢？

第五章　冒险与性别

"可能听起来不合逻辑的是，态度往往比行动更难改变，"博林说，"价值和规范在人们心中是根深蒂固的。因此我们总是先改变行为，再改变态度。"

我不禁想起戴维斯上校所在的消防部门，300名消防员中仅有15名女性。这个比例令人吃惊（也令人有些失望）。不过，我想大胆猜测一下，20或30年前，这个消防队里一个女性都没有。在我祖母的那个年代，人们认为女性消防员不仅会给自身带来危险，也会让她要保护的对象陷入险境。我想，现在依然会有很多人这样看待女性消防员。因此，尽管消防队里只有15位女性消防员，但存在女性消防员这一点就可以证明，行为的改变早于态度的改变。

总　结

我们一直假定冒险行为的大部分主体都是男性，男性的睾丸激素为冒险行为提供了独特的生理优势。尽管历史经验显示，男性乐于冒险而女性抗拒冒险，但是事实并非这么简单。

以戴维斯上校为例。当我们讨论戴维斯的工作和对这份工作带来的快感的热爱时，我好像忘了很重要的事情。"L.戴维斯"的L是什么的缩写呢？是"莉娅"。没错，戴维斯上校是位率直、暴脾气、经验丰富的女消防员。她44岁，是两个孩子的母亲。她的强悍（更不要说她的职业）已经说明，冒险并非男性的特权。

"灭火是一件体力活，一点儿也没有女人味。你工作的时候浑身上下都脏兮兮的,可谈不上迷人。"她笑着说,"作为一名女性,我也不能说自己可以完全适应这样的环境。但是我热爱我的工作,它很适合我。"

的确是这样。戴维斯的案例是实验中的研究结论在现实情境中的体现,表明冒险行为的性别差异并没有想象中大。随着社会越来越包容女性的冒险行为,这一差异正在逐渐消失。尽管戴维斯有两条 X 染色体,但她一直喜欢消防工作。成为消防员是她儿时以来的梦想。

"这份工作一直吸引着我。一开始的时候,我在消防部门做志愿者。那时我还在上学,对未来的职业有其他规划。当时,我准备 6 个月后考兽医学校,但我心血来潮,申请了消防部门的全职岗位。"她对我说,"我拿到了这份工作,心想:'我必须要做下去。'"

对那个年代的女性而言,兽医学校也许是更合适的选择,但戴维斯想要不一样的生活。得到消防员这份工作以后,她没有后悔过。

作为队长,戴维斯如今负责招新工作。当我问她如何成为一名成功的消防员时,她不假思索地给出了答案:"老实说,你的本性里需要有一种把这份工作做好的信念。你需要具备灵活性和适应性,因为火情瞬息万变。但在刚开始时,你需要严格遵守纪律,登上消防车后听从指挥。你还需要具有团队意识,察觉到危险时要及时上报,还要坚持训练、提升能力。"她说,"这些都不容易。"

注意，在这些特质中，她并没有刻意强调性别。她本身就可以证明，性别并不重要。

认为冒险是男性专属的生理特质的想法过于简单。世界上有各种各样的风险，随着社会、价值观和性别观的改变，我们对风险的认知也会发生改变。如今，冒险者中的女性比例越来越高，她们在曾经禁止她们进入的董事会、医院、交易所、实验室、体育场和其他竞技场上都取得了成功。就像玛格丽塔·博林所说，态度的转变需要很长时间。我们如果想明确人们是如何应对风险的，就需要转变头脑中关于冒险和性别的过时认知。

因此，下一次有人让你描述一位冒险者的时候，你的思路应该更宽一些。我想，你如果好好思考上一两秒，就能想起好几个女性冒险者。这些女性用她们的进取心、力量和决心激励（或者困扰）着你，她们能做出我们认为不可能的事。她们的故事证实了科学家的发现：无论你的目标是什么，冒险都是生活中不可或缺的一部分。

第六章　冒险与年龄

如果你像我一样，在 20 世纪 80 年代就成年了，你肯定会熟悉《致命武器》(*Lethal Weapon*)这部电影。其中，两位性格迥异的警官出人意料地结成搭档。马丁·瑞格斯我行我素，一心想着复仇；罗杰·默多年龄更长，更有经验，但是整天数着日子等待退休。高中时第一次看这部电影的时候，我觉得自己像瑞格斯。他有些疯狂，但很有趣，长得也更帅。然而我最近重温了这部电影，却发现感受变了，我觉得自己更像默多了。作为一位中年母亲，我总是不经意地说出默多的台词，"我年纪大了，不适合这个了"。

就像我说的，我以前曾是一位冒险者。但是现在，当我考虑冒险时，我更倾向于默多的应对方式：我年纪大了，可别给自己找事了。我不太能接受冒险决定带来的消极后果，比如在金钱或社会关系方面增加不稳定因素。我得还贷款，得照顾孩子（还得开车去上跆拳道课）。至于冒险的积极影响？好吧，我觉得它们对我来说也不像过去那么有吸引力了。当我发现自己现在更愿意轻松地躲在舒适区里，我不禁好奇，为什么我的变化这么大？我真的年纪太大，不适合冒险了吗？我的年龄和社会角色真的影响了我对风险的认知和追逐吗？现在的我和年少时乐于探险的我相比发生了什么变化？

狂热冒险家：青少年

乔纳森并不符合我们想象中那种爱冒险的青少年的典型形象。他18岁，是学校里的优等生、学生会的秘书长，还是学校足球队里的明星。他待人友善，学校里各种圈子的很多人都喜欢他，同学们称他为"高年级最受欢迎的男生之一"。这可不是嘲笑，而是实打实的崇拜——出于尊敬，他们把这一点加入了他的简介中。他已经被理想中的大学接收，并获得了一笔运动类奖学金，用以抵付一部分可观的学费。他的老师把他看作学校教育的典范，他似乎毫不费力地平衡了课业压力和运动成绩。他的交际圈里都是努力、优秀的学生，大都是学校乐队、科学俱乐部和运动队的成员。他身边的人都期盼他能实现一些伟大成就，但他似乎也没有因此感到压力。在旁人眼里，他的青少年生活过得非常完美。

但对乔纳森而言，青少年时期并不轻松。对青少年和他们周围的人来说，这是一段痛苦的时期。这是一段无论身体还是心理都不稳定的时期。在瓦萨学院（Vassar College）的研究大脑的阿比盖尔·贝尔德（Abigail Baird）表示，青少年的脑部活动同他们的外在表现一样捉摸不定。

"你会目睹青少年的飞速发育以及随之而来的不协调——四肢突然抽条，显得格外笨拙。其实，青少年的脑部也存在类似的不协调，可以毫不夸张地说，他们的大脑中有什么在爆炸般地成长，"她说，"一切都在变，而且变化特别特别快。"

神经学家认为，正是这些变化使青少年极端爱好冒险。

"在美国和其他发达国家，年轻人生病和死亡的最大原因并非疾病本身，而是行为和情绪方面的问题，"加州大学伯克利分校公共卫生学院（University of California, Berkeley's School of Public Health）的研究员罗纳德·达尔（Ronald Dahl）说，"我指的是自杀、他杀、车祸、药物滥用或危险性行为等问题。比起儿童和成年人，青少年的神经生理机制让他们更容易冒险。我们对这一问题的研究尚处于起步阶段。"

人们眼中的好孩子乔纳森也是如此。达尔解释说："80%的青少年都不会做出格、疯狂的事。但在青少年中后期，再害羞、腼腆的孩子也会表现出乐于探索、勇于尝试的特质。"

乔纳森头脑清晰，但跟他长谈之后，我很快发现他同样热衷于参加派对。周末，他和朋友们如果不在球场上，那么就肯定在彼此的家里辗转，通过兄姐或伪造的身份证件搞到酒来喝。他们酗酒、飙车，利用各种机会勾搭女孩。

"我们经常开派对，"乔纳森说着，耸了耸肩，"父母们都要忙自己的事，我没别的事可做，就会和朋友们出去玩，释放

第六章　冒险与年龄

一下。"

乔纳森和他的朋友们向我讲述了他们最近的某些冒险经历后,我才意识到,他们"释放"的方式包括滥交(有时不采取保护措施)、吸毒、打群架、逃学或离家出走、酒驾或毒驾等,甚至包括从二楼阳台跳到邻居家的游泳池里。就算排除青少年习以为常的吹牛成分,这些经历中的任何一件也都有可能毁掉这样一位高中优等生。

认知与行为的脱节

乔纳森会迫不及待地告诉你,道理他其实都明白。"我知道这么做不好,但就是很有趣,"他说,"有时我也觉得我应该待在家里,不管是练习球技还是学习都好,反正不该去那些派对。如果第二天有训练的话,我会想'我不该喝那么多的'。但在派对上,我从来不会想到这些。"

回想青少年时期,在面对高风险行为时,其实我们都明白后果会是什么。他们知道未成年饮酒会致病,他们会被父母训斥,一旦被学校发现,他们会被踢出球队。他们也明白无保护措施的性行为可能会让他们提前当上父母或染上性病。青少年能很坦诚地复述我们告知他们的这些信息。比如,当我问乔纳森"无保护措施的性行为是否明智"时,他立即给我了答案:"这是个糟糕的做法。你应该时刻保护你自己。"但我反问他为什么没采取保护措施就进行性行为时,他停顿了一会儿。"这很糟糕,我明白。可在那个时候，我偏偏就没采取保护措施。我知道那是不对的。"

"那么，你就不担心女生会怀孕吗？"

他随便耸了耸肩，说："我说过了，我知道那不对。"

他没有试图为自己的行为辩解，毕竟，他听过足够多的性教育课，知道这种行为无从辩解。但当你做决定的时候，知识并非一锤定音的关键。因此，尽管知道后果，青少年们也未必能做出正确的选择。似乎在他们的大脑里，认知和行为出现了某种脱节。神经科学领域的最新研究也显示，这种脱节既有字面意思，也有引申含义。

天普大学（Temple University）的社会神经学家劳伦斯·斯坦伯格（Laurence Steinberg）提出，青少年大脑发育的方式让他们更容易做出冒险决定。在青春期，性激素在塑造生殖系统的同时，也引起了我们脑部巨大的变化。这些改变导致大脑处理多巴胺的方式发生了重大改变，不仅影响了脑中的风险-回报处理通路，还改变了社交和情绪性行为。

在 10 岁左右，在性类固醇和其他重要生长激素的刺激下，大脑的纹状体（基底节的重要组成部分）和前额叶皮层中的多巴胺受体开始减少。这样一来，大脑中主管回报的区域（基底节）和主管抑制与控制的区域（前额叶皮层）内的多巴胺受体密度就会下降，导致多巴胺可以不受阻碍地流动。因此，中脑边缘通路中出现了不同步的情况，情感和动机因素被放大，抑制和长远计划的能力被削弱。也就是说，"油门"踩得足了，"刹车"踩得松了。

这对寻求刺激的疯狂青少年来说是绝佳的机遇。回想我的青少年时期，我就表现得很疯狂。这种解释在我身上说得通。

贝尔德认为，青少年脑部的巨大变化使得这一时期如同第二次幼儿期。她第一次对我这么说的时候，我哈哈大笑，但转念一想，觉得这话很有道理。幼儿期是帮助孩子身体和大脑快速发育、逐渐成长为儿童的重要过渡期。当我仔细观察乔纳森和朋友们的行为（再回顾一下我和朋友们在青少年时期的冒险）时，我发现了青少年和幼儿之间的很多相似之处，比如耍脾气时总爱抱怨"那不公平"，喜欢得寸进尺，经常夸大事情，乐于寻求刺激，以及以自我为中心。贝尔德认为，尽管这些特质并不受父母和老师欢迎，但是它们构成了青少年不断学习和成长的基础，体现了青少年大脑惊人的能力。

"想想看，如果你想学习一门语言或者成为运动明星，青少年是绝佳时期，"贝尔德说，"在这一时期，一切都在神经层面上呈现爆炸性成长，这一阶段的学习量也前所未有地大。就像婴儿需要通过幼儿期掌握需要的能力来步入儿童期一样，青少年也需要成功度过青春期，努力掌握成为一名成年人的技能。"

很多父母希望青少年能控制情绪、平息冲动，但贝尔德和其他研究者的研究显示，失控的情绪和疯狂的冲动对青少年期的成长而言很重要。"青少年期的大量试错和失败是不可或缺的过程，"贝尔德说，"如果青少年不经历这些起伏与失控，那么他们一旦失败，就不会获得再次尝试的动力。如果他们想从这些经历中逐渐学会如何做出正确决定，他们就需要重新爬起来，不断尝试。"

通过不断尝试，青少年能够积累必要的经验，逐渐控制大脑中的"油门"与"刹车"，从而使中脑边缘通路发挥最好的效能。这样一来，青少年就能成长为负责任、可靠的成年人了。

被夸大的回报

为什么对青少年而言，一切都那么激烈、重要，会让他们情绪大起大落呢？让我们再次回到神经递质多巴胺这一话题上。表现温和的大脑额叶与经过加强的情绪与动机通路，为冒险提供了绝佳的生理条件。罗纳德·达尔表示，我们很容易认为在激素的作用下，青少年大脑一热，就无法合理控制前额叶皮层的活动，但这种说法未免教条。在大多数时间里，乔纳森都能管理好自己。例如，他请我在这一章中提到他时使用化名。不过，老实说，他这样要求的目的是避免连累家人，而不是担心影响自己未来的计划。不过，除了这一部分理性之外，他的头脑一直在强调要获得回报，这刺激着他不断冒险，丰富自己的经历，从而实现学习和成长。那么，青少年又是如何认识回报的呢？

康奈尔大学的 B. J. 凯西（B. J. Casey）带领的团队最近进行了一项研究，发现青少年和成人大脑处理风险的方式大部分相同，而唯一的不同出现在参与处理回报的部位上。通过测量大脑中的血流量，研究人员发现，在处理回报时，青少年的腹侧纹状体——也就是基底节的一部分——比更小的孩子和成年人都活跃。这些部位过于活跃的结果是，青少年会对回报的价值做出过高的预测。回想一下乔纳森拒绝使用安全套的事情：当他这么做的时候，他的大脑放大了这件事带来的好处。他那非正常运转的大脑会告诉他，他不能拒绝这次机会，这会是他此生最棒的性爱体验。这种被夸大的好处使他不再考虑其他事情，完全把意外怀孕或染上性病的可能抛诸脑后。

贝尔德表示，这种被夸大的好处有其目的所在。"对回报的渴求非常有利于学习新事物。我们能肯定的是，青少年时期是学习的最佳时期，"她说，"因此在回报的刺激下，孩子们有足够的动机尝试新事物，跌倒了就爬起来再次尝试，这种经历是非常宝贵的。否则，如果回报并不显著，我们可能就不会尝试，无法体验这份经历，也就无法完成从青少年到成年的学习过程。"

当然，有人会认为，青少年一旦发现得到的回报不如人意，就会停止这种冒险的选择，但青少年的回报认知系统并不是如此运转的。实际上，匹兹堡大学（University of Pittsburgh）的神经学家比塔·穆加达姆（Bita Moghaddam）的新研究发现，对回报的预期也许比回报本身更重要。很多男性都会像乔纳森一样认为无保护措施的性行为带来的回报相当好，然而对他们而言，这种行为的可能性，或者说仅仅是在想象中摆脱束缚的感觉，都比实际进行时的体验更刺激。

穆加达姆和同事们利用处于成年期和青少年期的大鼠做了一次联想学习实验，并监测了它们的脑部活动。在实验中，大鼠听到特定的声音时，就得把鼻子探进特定的洞里。它们如果这样做了，就会被奖励一颗糖。这个任务很简单，因此大鼠很快就知道如何获得奖励了。它们充满动力。

研究人员监测成年大鼠和青少年大鼠的脑部活动时，却发现它们在纹状体部位存在显著差别。这一部位与习惯养成、行为选择和主动学习有关。与成年大鼠相比，青少年大鼠表现出了更强的动力，但这一差别仅出现在青少年大鼠听到声响、把鼻子探进洞里后获得回报的时候。而且，这种积极性与声响和回报本身均无关，仅仅与大鼠探进洞里，期待获得糖有关。

"有趣的是，对回报的认知直接关联了大脑中与行为选择和习惯养成有关的区域，"穆加达姆说，"所以很可能，动力满满地做一件事并期待这件事能够带来回报的想法对青少年行为的影响要远远强于对成年人行为的影响。"

穆加达姆认为，对回报的高期待可以解释为什么青少年很容易沉迷于某事。不过，这种被夸大的期待和回报能够提升青少年的积极性，最终使他们不断学习和成长，更好地平衡动力系统与抑制系统的作用。

当然，乔纳森也无法掩盖自己对足球的期待与热情。他每天课后和每周六都要训练好几个小时。训练结束后，他还会在自家后院里练习。哪怕身体不舒服（或者宿醉），他也坚持训练。这其中的原因在于，他热切期望自己的队伍能够获得州冠军，从而获得称赞、荣誉还有女孩们的喜爱。

好主意还是坏主意

我第一次见到瓦萨学院的阿比盖尔·贝尔德，是在华盛顿的一次神经科学会议上。在专题研讨会上，我听她汇报了最近进行的有关神经科学如何塑造青少年规则认知的研究。演讲中，她问观众："告诉我，你觉得和鲨鱼一起游泳是好主意还是坏主意？"

在场的大多数观众都是成年人，他们立刻回答说："坏主意！"

假如有人扫描这些人的大脑，肯定会发现他们的杏仁核和脑岛在逐渐活跃。这两个是大脑边缘系统的关键部位，是中脑边缘通路主要的信息入口。

你可能知道，杏仁核是决定"战斗或逃跑反应"的重要部位。但贝尔德告诉我，杏仁核主要有四种功能，简称"4个F"。"战斗或逃跑反应是大家都知道的两个。另外两个，一个是进食，一个是繁殖。"她笑着说。

杏仁核的存在让我们能够站立、呼吸和繁衍。同时，它和基底节共同负责处理重要的回报信息。此外，它还负责处理记忆与情绪反应，凸显某些物品和事件的社交意义。贝尔德把它比作大脑的"报警器"。

"这部分大脑在意的是如何生存下去，它的全部意义便是如此，"她说，"它并不参与复杂的思考过程。"

和杏仁核一样，脑岛也与情绪和决定有关。尽管和杏仁核离得很近，但脑岛更高级一些。它也对人类的求生欲有重要的作用，但它是通过帮你形成对经历（无论好坏）的本能记忆的方式来实现这一点的。

"脑岛帮你形成对事物的直觉——就是那种对你做决定和形成本能对错认知很重要的直觉,"贝尔德说,"这个结构高度发达。因为你的直觉并不是天生的,而是需要习得的。"

成年人依赖这两个部位做出决定。做决定的时候,你会观察到杏仁核和脑岛在向前额叶皮层发送重要信号。但青少年的大脑不太一样。贝尔德和同事让青少年判断一些行为(包括吞灯泡、吃蟑螂、从屋顶跳下等)"是好主意还是坏主意",同时利用功能性磁共振成像技术(fMRI)扫描他们的大脑。研究发现,这些青少年的脑岛区域并不像成人一样活跃。他们的大脑额叶部位最为活跃,这里会出现下意识的念头。与成年人相比,青少年回答这些问题花费的时间要长得多。

"成年人可以自动、快速地回答这些问题,但青少年就不行,"贝尔德说,"相反,是他们的大脑额叶做出了反应。实际上,他们思考了一会儿,因为他们头脑中没有形成关于'坏主意'的定义,无法自动反应。他们得通过大脑额叶建构这样的概念,因此速度会稍微慢一些。"

实际上,因为要对这一概念做出判断,青少年的回答比成年人慢了300毫秒。尽管300毫秒不是很长,但贝尔德认为这很重要。"人们不知道,通常来说,300毫秒就能杀死一个人,"她告诉我,"300毫秒的时间可能会让你决定闯红灯,可能会让你决定再喝一杯,可能会让你决定酒驾回家。在危险的情况下,300毫

第六章 冒险与年龄

秒可以对你造成很严重的伤害。"

尽管我没有随身携带一个头部扫描仪，但我很好奇乔纳森在面对这样的问题时反应是否也会变慢，特别是当我问他那个关于无保护措施的性行为的问题时。

"跟鲨鱼一起游泳是好主意还是坏主意？"

"跟鲨鱼游泳？"他停顿了一下，"我想，这应该分情况吧。"

"你没告诉我答案。你的直觉判断是怎样的？这么做到底是好是坏？"

"这太难选择了。假如你身上没有鱼血的话，我认为是个好主意。"

我笑了笑，接着问："那么吞灯泡是好主意还是坏主意？"

"吞灯泡？这是考验胆量吗？有人付我钱吗？"

他完全是开玩笑的口吻，但我继续追问："你能回答我的问题吗？"

他咧嘴笑了笑，手指摆弄着头发。"好吧，我想这是个坏主意。"他的语气并不是很确定。

"那么从屋顶上跳下来是好主意还是坏主意？"

"要看情况。屋顶有多高？"

他回答得很干脆。我疑惑地看着他，于是他告诉我，他的答案取决于这座建筑是否超过两层楼高。鉴于我最近才得知，他确实干过从屋顶跳到游泳池里的事，他如果在回答这个问题的同时接受 fMRI 扫描，我们也许会观察到脑岛区域活跃度上升。

最后，我问乔纳森"吃蟑螂是好主意还是坏主意"，他回答得快了一些，"哦，这恐怕是个坏主意"。但是面对大多数问题，他回答的时候似乎总有些没头绪。

当我把这段对话讲给贝尔德听时，她大笑起来。"真有意思。因为青少年缺乏经验，他们会先重复问题，再加入一些细节，试着弄清情况，同时开动脑筋努力想出答案。这种情况特别像3岁孩子为自己做的错事对成年人狡辩的样子。他们是真不知道正确答案是什么。他们看起来就像在现编什么故事一样。"

我的孩子有一天也会步入青春期，因此这种观点不会让我感到安慰。但我确信，在我自己的青少年时期，我应该也跟这些孩子没什么两样。

"我年纪大了，不适合这个了"

显然，青少年喜爱挑战极限的现象有其神经生理学依据。研究发现，这种乐于冒险的特质从青少年时期一直延伸到成人初期。到了25岁左右，前额叶皮层发育成熟，面对风险的时候，人们更擅长"踩刹车"。

荷兰奈梅亨大学研究风险行为的贝恩德·菲格纳表示，神经经济学和对现实生活中行为的观察都表明，随着年龄增长，冒险的次数会减少。这有两方面原因。

"一方面，步入成年后，大脑的前额叶皮层逐渐发育成熟，人们也更善于抑制冲动反应，"他说，"另一方面，人们经验逐渐丰

第六章 冒险与年龄

富，开始明白一味冒险并不是一件好事。你更清楚冒险的后果，知道会付出什么代价了。"

因此，这并不是因为我年纪大了，变得无聊了，而是因为我经验丰富了。经过这么多年成长，我大脑的边缘系统已经可以用足够多的经验帮我做出睿智的决定，大脑额叶也成熟到能够抑制我的冲动了。这种现象并非只发生在我这种在郊区抚养孩子的母亲身上。一项针对经验丰富的登山者的冒险行为的研究发现，随着年龄增长，连这些老练的登山运动员也会逐渐避免挑战冒险的登山路线。

加雷斯·琼斯（Gareth Jones）是位于英国利兹的卡耐基运动创伤诊所（Carnegie Sports Injury Clinic）的研究员，他正与剑桥大学的研究员合作研究某些攀岩爱好者热衷于徒手攀岩（不用保险绳）等冒险行为，而另一些则坚持使用绳索并选择熟悉场地的原因。这一研究团队对前者很好奇，想知道是什么因素让这些人不甘于求稳。他们发现，对自我效能——对实现目标的自信程度，以及应对朝目标努力过程中的压力的能力——的评估能够预测攀岩爱好者是否会采取冒险行为。

研究人员从遍布英国的攀岩场地招募了 200 多名经验从 1 年到 48 年不等的攀岩爱好者，向他们发放了一份名为"攀岩自我效能量表"的问卷，以评估他们的自我效能水平，调查攀岩时通常会尝试怎样的冒险行为。问卷中的问题包括"你对自己的攀岩水平有多自信""你偏爱什么样的攀岩方式（徒手攀岩还是更安全的方式)"等。研究人员发现,被试的自我效能(即他们对自身能力的自信)与他们攀岩的经验、频次、冒险行为的难度存在显著的相关性。

"自我效能水平较高的攀岩爱好者往往会选择更冒险的行为,他们攀岩的频次也更高,"琼斯说,"是的,他们的冒险行为更多。他们对自己的能力很自信,因此想尝试难度更高的活动。"

"这几乎让攀岩变成一种坏事了。"我说。

"这不一定。我们得到的结果是,经验丰富的攀岩爱好者更清楚这项运动的内在风险。他们经过多次练习,能够出色地完成任务,"他告诉我,"这些人擅长削弱风险,因为他们有经验,知道该做什么,知道什么样的方式在他们的能力范围之内。"

但琼斯的研究团队也发现了另一个有趣的趋势。除了经验,年龄也影响了攀岩爱好者的自信程度。年龄越大,他们的自我效能感就越低。即使在很熟练的攀岩爱好者身上,研究人员也发现了这一趋势。

"自我效能感似乎与年龄呈相关性。我们看到,年龄越大,自我效能水平越低,"他对我说,"攀岩界有句老话:'攀岩的人有老的,也有胆大的,但没有又老又胆大的'。我们的研究证明,这句话很可能是对的。"

因此,我自问我的反向中年危机是否与年龄有关,也是可以理解的了。如果没有又老又胆大的攀岩者,那怎么会有又老又胆大的单身母亲呢?从青少年进入成年期后,那些最喜欢冒险的人似乎都被渐渐磨去了脾气。但这是好事吗？荷兰的风险研究者菲格纳说，不一定。

"成年人在实验中里接受典型的决定任务时，倾向于更抗拒风险。多数情况下，实验会选择彩票游戏。我们发现，被试只要愿意多冒几次险，就能得到更多钱，"菲格纳说，"当然，是否应该冒险总是取决于当下的情境。但我们中的某些人多冒几次险，总会获得好处。"

我忍不住觉得自己就是那样的人。事实上，某个周六晚上，当我无聊地调着台时，我知道我就是那样的。我们发育成熟的大脑额叶、积攒了几十年的经验还有运作良好的脑岛区域不光能帮我们做出明智的选择，有时还会让我们的决定过于自动化。换句话说，在我们"踩一脚油门"更好的时候，这些因素会让我们"踩下刹车"。它们也会使我们质疑我们的自我效能，甚至是在我们有着多种技能和丰富经验的领域。也许，大脑的成熟导致我们能获得的珍视之物——包括金钱、爱情、乐趣等——减少了，因为我们不再像青少年时那样兴致勃勃地尝试新事物了。

学着像青少年一样思考

有一种说法很盛行：青少年是不思考的，他们行为与认知系统的脱节意味着他们尚未发育成熟的大脑无法正常工作。的确，当我遇到麻烦的时候，我父亲常对我说："你在想什么？是不是没长脑子？"不过，神经科学领域的研究却表明，青少年实际上想得太多了。

"和青少年相处过的人都知道这一点。青少年大部分时间在干什么呢？他们到哪儿都在思考、分析，课间也围在储物柜旁剖析此前的社交互动，"贝尔德说，"他们一直在思考。只不过面对风险时，他们缺乏经验和认知层面的指引，无法进行优先排序，将事件联系在一起，排除不相关因素，做出最优选择。"

尽管普通成年人无法放心让青少年负责帮自己投资股票，但青少年的冒险精神可以让他们受益良多。例如，贝尔德表示，成年人年龄越大越抗拒冒险，因此应当时常问问自己，我们面对的界限与障碍是真实存在的，还是自己设立的。这有助于成年人借助青少年式的冒险策略获得成功。

"我一直在想 P!nk 的一句歌词'我一直想成为我 16 岁时梦想成为的人'，"贝尔德告诉我，"我想，我们在任何时候都能记起自己在青少年时代的感受，都能像青少年一样思考，都能相信自己可以做任何事。这种心态能帮我们取得成功。成年人应当从青少年身上学会拥抱各种可能性。"

以"吃蟑螂是好主意还是坏主意"这个问题为例，贝尔德说，当她看到一位成年人迅速、本能地对这个问题做出回答时（那个人一脸犯恶心的表情），她问了一句："假如你吃了蟑螂，最坏的结果会是什么？"

"当然，他们说蟑螂会有排泄物或虫卵之类的。但我接着让他们放下成年人思考问题的方式，问他们：'这么做真的会伤害你

第六章 冒险与年龄　103

吗?'他们想了想，记起之前在《幸存者》(*Survivor*)节目中看过别人吃蟑螂，就说：'不会。'但即便想了很久，他们依然坚称自己不会吃蟑螂，"贝尔德说，"这是种根深蒂固的观念。我不是在说我们都应该吃蟑螂。我想说的是，我们的很多想法和决定都已经自动化了。你的脑岛控制了你。我认为，如果在某些领域，成年人不是整天依靠这些自动化的结论，而是像青少年一样在说不之前多想一想，他们会取得更多的成功。"

和贝尔德聊完后，我也在反思自己最近是否过于依赖脑岛了。也许，自我效能的降低、不愿冒险的倾向、我的臀部和沙发如胶似漆的关系都是因为我的脑岛从简单自在的郊区生活方式中吸收了太多信息。我对工作和再婚的看法也受到了这种影响。也许是时候让我的其他脑区也加入决策过程，以免我错过有价值的决定了。

采访乔纳森的最后，我问他，像我这样的成年人能从青少年的冒险行为中学到什么。我看得出来，他努力掩盖对此的不屑，但并没有成功。"你知道，做一个青少年很简单，应该是最简单的事之一了。我们的年纪已经可以自由出去玩了，但又不用担心房租、账单之类的。我们的烦心事比成年人少多了，"他告诉我，"谁都能做好青少年，真的。"

哇，青少年口气可真大！我懒得提醒他，所有成年人都经历过青少年时期，没什么可得意的。我想，他以后自然会明白这一点。不过，就算他如此狂妄自大，他的话也有其合理性。

无论面对什么困难，青少年总是拥有不断尝试的积极性。他们高涨的多巴胺水平使他们乐于冒险，积极探索世界，不断获得重要的经验。他们冒险，学习，成长。他们相信自己无所不能，这也是他们乐于冒险的原因。也许是时候拒绝脑岛给我们的自动化建议了，是时候放弃"我年纪大了，不适合这个了"的论调了。我们需要更大胆一点，看看自己最终能否成为 16 岁时梦想成为的成年人。

第三部分

充分利用风险

和很多人一样，我从小听着神话和童话故事长大。这些故事书让你相信，冒险是一种与生俱来的特质，而非后天养成的。你无法模仿阿梅利亚·埃尔哈特（Amelia Earhart）[1]独自飞越大西洋，无法模仿埃维尔·克尼维尔（Evel Knievel）[2]驾驶摩托车表演飞越障碍物，也无法模仿扎克伯格创立脸书，因为这些人天生具有不顾一切追求包括爱情、金钱、信仰、知识、冒险、家庭、刺激、国家荣誉在内的目标的特质。冒险者似乎会依靠本能做出反应，内心坚信他们的冒险能够获得回报。这就是冒险行为的原型，得到了基因学和神经生物学研究的支持。

我们再回到冒险行为上来。显然，每个个体对待风险的方式都有其独特的生理基础。大脑构造的不同，尤其是中脑边缘通路机制的不同，导致我们对风险的反应不同。不同的基因状况导致

---

[1] 美国第一位独自飞越大西洋的女飞行员，在 1937 年飞越太平洋期间失踪。——编者注
[2] 美国冒险运动家，以表演驾驶摩托车飞越障碍物闻名。——编者注

风险-回报通路中的神经递质和基因受体水平不同。不同的性别与年龄也发挥着不同的影响。总之，这些神经和生理系统差异使我们的风险认知出现差异，进而使我们对待风险的行为截然不同。

但是，冒险行为并非凭空发生的。除了大脑结构、激素、年龄和基因等以外，冒险行为还受到其他因素的影响。大自然造就了我们应对风险的不同反应，但我们在不同人身上和不同场合下看到的差异同样受到环境的强烈影响。文化、旁人的期待及其他外在影响因素在"冒险等式"中是必不可少的。的确，由于生理结构不同，有些人总是更喜欢冒险，能接受更多不确定性和危险，但人们何时何地"踩下刹车"却因人而异——常常取决于当下的情境。这意味着如果我想知道如何做出明智决定，除了考虑生理因素以外，我也必须考虑周围的环境因素。

是的，每个人都有应对风险的特定生理构造。当我们面对不确定性的时候，基因、神经化学物质和大脑通路会影响我们的行为。尽管在我们对待风险时，有很多因素是不可控的，但也有些因素是可控的。科学家和心理学家做了很多研究，发现了不同的环境因素是如何影响个体对风险的接受程度的。这些因素包括个体对冒险情境的熟悉度、个体所在的社会群体情况、情绪反应、压力水平、应对失败的方式等。这些因素中的每一个都会影响我们认知风险、应对风险以及缓和风险强度的能力。只要有恰当的知识和认识，我们也能控制这些环境因素。无论是天生喜欢挑战极限的人，还是竭尽全力避免冒险的人，都能做到这一点。

冒险的生理基础和控制环境的方式两方面的结合能帮助我们利用风险取得更多成功。通过更好地理解二者间的相互作用，我们可以掌握主动权，利用风险实现自身利益最大化。

第七章　冒险与准备

乍看之下，真正的攀岩爱好者——我指的是那种会去优胜美地国家公园攀登陡峭山峰，而不是在本地攀岩场地打混的人——好像是冒险者。但户外探险者斯蒂芙·戴维斯（Steph Davis）把"冒险"一词的定义带上了一个新台阶。

戴维斯是一位享誉世界的攀岩爱好者，但那不过是个开端。她还是一位顶尖的低空跳伞爱好者。她最著名的跳法是不用绳索攀爬又高又陡的悬崖，然后打开降落伞从高空跃下。她很擅长这项运动。她是第一位成功徒手攀爬优胜美地国家公园中位于酋长岩——一块高耸入云、令人胆寒的独立花岗岩巨石——上的"萨拉瑟墙"的女性。她也是世界上仅有的几名女性徒手攀岩爱好者之一。在这项运动中，攀岩爱好者必须不依靠同伴、绳索和锚定设备的帮助爬上陡峭骇人的山峰。她曾成功攀爬科罗拉多的朗斯峰上300多米高的花岗岩峭壁。你可以在网上看到这段视频，但我提醒你，如果心脏不太好的话，千万不要去看。仅仅是旁观她不用绳索徒手在巨大的岩壁上攀爬，我就浑身冒汗。

Patagonia、prAna 和 Backcountry 等很多传奇的户外运动品牌都为戴维斯提供过赞助。（Clif Bar 曾经也是其中一员，不过最近解约了。他们认为戴维斯是一位勇于打破边界的极限运动员，过于冒险，不符合品牌未来的发展方向。）戴维斯会身穿翼装——一种模仿鼯鼠或蝙蝠的身体姿态设计出的特殊连体装，可以增加空气浮力，延长飞行时间——从飞机、直升机、热气球或高耸的悬崖上一跃而下。她是位积极的环保和素食主义者。她信奉佛教和伊斯兰神秘主义。她大学时读的是文学专业，在这个已经少有人读书的时代依然热衷于此。她既是专业的跳伞运动员，也能弹奏一手古典钢琴；既是作家，也擅长演讲。她的博客和同名著作《痴迷于高处》（High Infatuation）受到了户外运动爱好者的喜爱。她把自己的兴趣做成了事业，也过成了生活。我甚至觉得只要是她想做的事，她都能做到。她极其勇敢，充满活力，散发着令人欣羡的魅力。

而她在年纪轻轻时就失去了丈夫。

戴维斯的丈夫是低空跳伞界的传奇人物马里奥·理查德（Mario Richard）。2013 年 8 月，这对夫妇在位于意大利的阿尔卑斯山脉北坡的多洛米蒂山跳伞。经过几次翼装飞行后，理查德紧跟着戴维斯从被称为"多洛米蒂的露台"的位置跳下。戴维斯成功着陆，而理查德失败了。报告显示，里查德在下落过程中撞在了岩石上，因冲击力过大，抢救无效死亡。

很多冒险者，特别是喜欢极限运动的人，不清楚这些运动会带来的后果。他们没考虑过，降落伞故障或风向变化可能会导致重伤甚至死亡的后果。他们进行这种与死亡斗争的运动，会让你觉得很疯狂。他们肯定高估了成功的概率，过于信任自己，认为自己战无不胜。他们进行极限运动之前肯定没有认真考虑过这件事，不然他们的行为该怎么解释呢？他们这么做的原因是什么呢？

与其他人不同，戴维斯总是会考虑她成功的概率如何。她会以一种独特的方式评估这项运动中的风险。她能真切地意识到，每次冒险都有可能带来消极的后果。这种后果夺走了她很多朋友的生命，也夺走了她爱人的生命。

在丈夫去世后不到两周，戴维斯再次进行了低空跳伞。

"这听起来可能很意气用事，但我需要这么做，"她告诉我，神情严肃，面带悲伤，"低空跳伞是我热爱的事业，也是马里奥热爱的事业。这项运动对我们俩都是特别的。我不知道以后会怎么样，不确定这项运动是否会'善待'我，我在做的时候会怎样。但我认为我需要知道。"

是的，戴维斯知道攀岩和跳伞中的风险，深谙其中的不确定性与危险，但她认为自己能够应对这些。她尊重极限运动和它对她提出的挑战。同样，她也尊重自己冒险时依赖的设备和保障人员。但最重要的或许是，她尊重极限运动可能带来的消极后果。她明白、承认并接受这些可能性，将其看作这项运动的一部分。

正是因为如此，这项运动给了她超乎寻常的快乐与悲痛。

对戴维斯和其他成功的冒险者来说，这份敬意的很大一部分在于，他们对未来可能发生的结果做好了充分的准备。

越熟悉越大胆

俗话说，远香近臭。然而，对冒险的熟悉程度能帮助一个人决定是否要冒险。得克萨斯大学奥斯汀分校致力于风险和决定行为研究的莎拉·赫尔芬斯坦想知道，社会或群体中有意识倡导的与规避的冒险之间有何区别。她发现熟悉度，特别是在我们所在社交圈的偏爱作用下形成的对特定事物的熟悉度，极大地影响了我们对冒险行为的接受度。

赫尔芬斯坦采用的方法是"分领域风险行为评估量表"（DOSPERT）。这是一种受欢迎的心理测量方法，主要评估金融、公共卫生、娱乐、道德和社会等领域内的风险行为。这一方法的基本操作流程是：研究人员向被试展示不同决策领域中的不同情境，让他们回答自己参与这些活动的可能性。这些情境包括"与已婚者发生外遇""周末去跳伞""在大型工作会议中公然反驳上司"等。赫尔芬斯坦拓展了这一量表，不仅询问被试参加这些活动的可能性，还增加了以下问题："你认识的人中是否有很多人有过情境中展示的行为？""你有多大的可能会鼓励你爱的人采取这些行为？""这些情境中的行为会给你带来多少好处？""这些行为带来消极影响的可能性有多大？如果出现了消极后果，你会付出哪些代价？"

对各色答案进行汇总后，赫尔芬斯坦发现了一个惊人的结论。"熟悉度发挥着巨大的影响，"她说，"我们发现，基本上，你身边有某种行为的人越多，你就越可能做出同样的行为，哪怕你并不认同这种行为。"

紧接着这项研究，赫尔芬斯坦设计了一个问卷调查。她根据DOSPERT中的现实生活中可能发生的真实情境，向被试提供了一些抽象的风险情境，以及这些风险活动的参与者人数信息。随后，她会询问他们参与这些活动以及鼓励他人参与这些活动的意愿。当被试看到数据表明所有人都会做某件事（不论是与已婚者发生外遇还是去跳伞），他们更有可能表明自己也会参与这些活动。

"你所在的环境似乎在很大程度上决定了你冒险的意愿。虽然神经学家热衷于对冒险行为进行数学计算，但环境的影响似乎更大。"她表示。熟悉度具有巨大的影响力——这指的不仅是同龄人的所作所为，还包括你每一天的自然经历。确实如此。我想起我认识的一些出生于美国小镇的人。在他们看来，在纽约坐地铁肯定会受到袭击。下雨天，他们宁愿花钱打车或者步行穿过整个曼哈顿，也不愿冒着被抢劫的风险搭乘地铁。而另一些在城里长大的朋友认为坐地铁是稀松平常的事，他们不明白为什么乡下人这么大惊小怪。不过我认为，他们肯定会觉得在标识不清的乡间道路上开车很痛苦。我们所知道和熟悉的事往往会影响我们对风险的认知。我们会把这些行为放在特定情境下看待，而这种影响会把我们推向特定的决策方向。

当然，熟悉度并非影响风险认知的唯一因素。想想戴维斯吧。熟悉度和环境虽然能够解释她喜欢低空跳伞的原因——她会去尝试跳伞，不过是因为和同样喜欢跳伞的攀岩爱好者待得久了些——但无法解释她一开始为什么会喜欢攀岩。她可不是那种4岁起就在室内攀岩场努力训练的小孩，她高中大部分时间面对的都不是岩壁，而是一架钢琴。实际上，她从大学才开始攀岩。一开始，她是接受了别人的邀请去攀岩的。尽管这个过程中发挥作用的不是熟悉度，但这第一次体验变成了她毕生的爱好。

因此，尽管熟悉度非常重要，但你并不会因为周围的人都在冒险而决定也去冒险。同时，虽然熟悉度并非影响风险认知的唯一因素，但它对你的影响要比想象中大。熟悉度的魅力在于它能够推动你开始你早已决定的冒险行为。

刻意练习的作用

你在朋友、家人的影响或自身行为习惯的作用下逐渐熟悉了某种活动，接下来又会发生什么呢？在理论层面看，你开始参与这项活动，而参与意味着练习，会让你表现得越来越好。经过几年的反复练习，理论上你就会成为这一领域的专家了。

戴维斯上高中时每天会花好几个小时练琴。在开始攀岩之前，她的钢琴已经弹得十分纯熟。这需要她投入大量时间。大学时期开始攀岩后,她也并不能有如神助地直接跳上一块巨石。每次成功的攀爬都要付出巨大的努力。

戴维斯是首位成功完成优胜美地国家公园酋长岩上"徒手攀爬路线"的女性。尽管有数年的攀岩经验,她也并非第一次尝试就获得了成功。她花了两个赛季,利用条件较好的时段研究这条线路的难点,练习技巧和移动方法,为她的个人尝试做准备。

"人们似乎只看到了结果,没有看到这次攀岩背后漫长的准备阶段,"她窝在位于犹他州莫阿布的家中舒适的扶手椅上说,"为了应对这次挑战,我付出了巨大的努力。我要么在现场练习,要么在莫阿布的家里做一些准备工作。我经常在巨石上练习,坚持跑步,保持健康。因为我有一个明确的目标:我想回来,继续尝试。"

不论是对弹钢琴还是攀岩来说,练习都是关键,但练习的方式必须得当。莱斯大学(Rice University)的教授埃里克·戴恩(Erik Dane)致力于研究冒险行为,他认为为了实现利益最大化,冒险之前你需要进行"刻意练习"。

"你需要通过反复练习不断提升自己的表现,不断逼近成功。这意味着你会不断失败,不断修正,继续尝试。"他说,"刻意练习是提升能力的典型模式,能使你逐渐达到专业化水平。想成为小提琴家的练习者应该选择难度较高的小节反复练习。经过一再失败、反复练习的过程后,他们就可以出色地演奏了。反复练习和不断接近成功的过程能够帮助你学习和进步。"

这就是戴维斯刚刚练习攀岩时所做的事。她坚持在现场训练。还记得布朗大学的神经学家迈克尔·弗兰克针对攀岩运动所说的话吗？"一味维持现状是很难学习和提高的。你如果不冒险尝试更难的路线，就无法成为更优秀的攀岩者。"冒险是学习的必要条件。想提升自己的能力，你就必须打破界限，多冒几次险。

"徒手攀岩很像弹钢琴或者跳舞。你需要多次尝试，反复练习。你可能会失败很多次，但你只要坚持练习，总有一天会成功。攀岩和任何事情一样，都需要排练和彩排才能完美，"戴维斯说，"对我而言，就像弹琴一样。我选了一首极难的曲目，因此需要不断练习、练习、再练习。最终，我就能完美地弹奏了。这种感觉好极了。"

你可能会想到，刻意练习的方式会给大脑带去一些好处。当你做决定的时候，这些变化会导致一定程度上的自动化行为，也会让你在做决定时更专注而不是忽视重要的风险因素。

首先，刻意练习会让你的运动技能得到提升。斯科特·格拉夫顿（Scott Grafton）是主管加州大学圣巴巴拉分校（University of California, Santa Barbara）"行为实验室"的神经学家。他发现，刻意练习有助于大脑组织一些目标导向性的行动。同时，刻意练习会促使大脑形成许多表示[①]信息，这些信息在成功组织行为的过程中发挥了决定性作用。这也是为什么像戴维斯这样的老

---

① 表示学习是深度学习理论中的一个概念，"表示"可以理解为对学习对象的一种编码方式，方式不同可导致学习效果或速度上的差异。——编者注

第七章　冒险与准备　119

手只需要朝岩石裂缝里看一眼，就能判断抓哪里才能稳稳地把自己送上去。在轻松表面的背后是长期的努力。这也是为什么我这样的人看到同样的裂缝时，甚至都不知道里面有地方可以抓。我没有反复练习的经验，无法在身体与岩石之间建立关联性。

人们常常谈到肌肉记忆。肌肉必然不拥有记忆力，它们是依靠大脑的信号实现功能优化的。反复训练可以激活大脑中的"行动-观察网络"。这一大脑通路包括运动皮层（负责运动的区域）、颞叶皮层（负责记忆与处理感觉输入的区域）和前额叶皮层（行政控制与功能中心），帮助大脑与身体其他部位进行沟通。激活这一大脑通路，意味着你可以在头脑中排练这些动作，为真正实施动作做好准备。因为你有将动作置于情境中的经历，所以你可以观察别人的动作，从而更好地学习。最重要的是，在练习中，行动-观察网络可以帮你把复杂的动作分解成容易理解的小动作。这样一来，你就可以轻松地学会更加复杂的步骤，其中的动作也会变得自动化。

根据格拉夫顿的观点，多虑可能会阻碍我们达成动作上的目标。这是因为与较高等级的认知系统相比，大脑运动系统的运转速度快得多。"我们说话和思考的速度和旧式56k调制解调器的速度差不多，"他告诉我，"你再想想我们做动作的速度，例如挥高尔夫球杆、击打棒球或做体操动作时。这些时候，你不可能一边思考一边不受干扰地做出动作。如果你想调整动作和姿势，那么你的表现肯定会打折扣。"

其次，刻意练习会使我们的大脑运转更高效。匹兹堡大学的神经生物学家娜塔莉·皮卡德（Natalie Picard）的研究课题是针对简单任务的长期训练如何改变运动皮层的活动。她和同事们对相关变化进行了观察。研究团队花了几年时间训练猴子做出一系列简短的动作。猴子们被分成两组，一组根据电脑指示做出这些动作，一组记住动作顺序，在没有外界帮助的情况下靠记忆自发做出动作。

观察这些猴子的运动皮层时，皮卡德和同事们有了些有趣的发现。在基础活动层面上，两组猴子并无差别，活跃的神经元数量也保持一致。不同的是大脑中的新陈代谢活动。经过反复练习，与接受电脑提示的猴子相比，凭记忆自发做出动作的猴子的新陈代谢活动较弱。这可能是因为经过练习之后，感觉输入更同步，神经突触的活动更高效，因此大脑并不需要那么多能量就可以完成任务。这意味着练习可以让大脑更有效率。

这种训练引发的脑部效率的提升也许可以拓展到运动皮层以外的系统中，当然，也可以拓展到简单运动之外。伦敦大学学院（University College London）的研究者发现，在那些每天都在复杂道路网中行驶、经验丰富的出租车司机的海马体中，灰质的含量存在显著差异。海马体是大脑中与记忆有关的部位。出租车司机的驾驶经验越丰富，其海马体右后方涉及空间记忆的部分中灰质含量越多。

瑞典卡罗林斯卡医学院（Karolinska Institute）的研究者发

现，反复练习钢琴可以增加大脑中的髓鞘数量，从而对纤维束（即神经通路）起到加强作用。你可以把髓鞘看作一种包裹在神经通路周围的绝缘体。髓鞘数量越多，大脑各区域之间的信息传导就越快。从小就练习钢琴的人前额叶皮层各区域间的联结比没有此类经历的人的更牢固和迅速。其他研究显示，人们可以通过反复练习减少对大脑额顶区域（这一区域与工作记忆有关）的依赖，从而更轻松、更自动地完成任务。

上面仅仅是通过反复练习达到专业化水平这一过程引发的脑部变化的几个例子。由于任务和练习方式的不同，可能还存在很多其他的变化。总之，反复练习不仅会使你的技能更熟练，还能强化行为表示，增强行为的意识性，并减少新陈代谢。此外，反复练习能使我们的行为更轻松和自动化，从而为新的学习过程奠定基础。

靠分析还是直觉

你可能会好奇，为什么行为更自动化是一件好事？前文讲过，我们需要"油门"（基底节的活跃）和"刹车"（大脑额叶的管理）协调工作，才能做出最优决定。如果你要徒手攀爬 300 米高的悬崖，轻点儿"踩刹车"有什么好处呢？会如何帮到你呢？

这是个资源调配的问题。如果你只有一定量的认知资源可以调用，你肯定希望将其投入对你进行风险评估而言最重要的变量中，希望大脑和身体能实现高效运转。你希望依赖"快思考"系统，这样一来你的认知资源就可以被分去处理其他任务。你希望在控制压力的同时尽可能提高注意力和工作记忆水平。这些都是可以提升我们表现的方式，哪怕是在风险情境中。

迈克尔·波斯纳（Michael Posner）是俄勒冈大学（University of Oregon）的一位走在领域前沿的神经学家，几十年来一直从事注意力方面的研究。"如果你进行了足够的练习，成为特定领域的专家，在这一领域内掌握了大量知识，你就能预测接下来会发生什么，需要做什么，怎样的反应更有效，等等，"波斯纳说，"这意味着你可以比未经训练的人更轻松地处理这一领域内的事情。这样一来，你就可以更有效地利用你的注意力了。"

这同样能让你通过一些无意识的直觉方式来进行决策。究竟什么是直觉呢？从科学角度说，直觉让你当前的决定与过去的经验保持一致，但不需要有意识的认知资源参与决策过程。

"人们讨论直觉时，总想把它当成神话或者宗教中的概念，"莱斯大学的戴恩笑着说，"然而从科学角度看，直觉是种进行模式匹配的过程。你在把积累的所有经验与当前的局面进行匹配——这一过程是无意识的、自动的。连你自己都不明白自己为什么以及如何倾向于这样的决定。"

因此，许多影响决策过程的因素，我们自己都不明白。卡内基梅隆大学健康与人类表现实验室（Carnegie Mellon University's Health and Human Performance Laboratory）的主任 J. 戴维·克雷斯维尔（J. David Creswell）打算研究潜意识如何影响决定。他和他曾经的学生詹姆斯·伯斯利（James Bursley）招募了27名学生，就汽车和其他消费品做出决定，同时接受脑部扫描。首先，研究者向被试介绍不同产品的信息。以汽车为例，研究者介绍了每种车型的12个特征，每个特征的介绍持续1.75秒，比如"汽车A配有皮质座椅""汽车B的耗油量很高"等。每种车型的优缺点配置都是不同的，而其中一种的优点远多于缺点，是实验中的最优选择。

向被试介绍了产品特征后，被试需要做以下三件事中的一件：立即对不同选项进行排名，看对比表格两分钟后再进行排名，进行干扰任务两分钟后再进行排名。本实验中选取的干扰任务是：让被试观察屏幕上接连显示的数字，如果当前数字在两个数字前出现过，就按下按钮。

克雷斯维尔和伯斯利得出了很有趣的结论。当被试聆听车型细节时，其前额叶皮层和视觉皮层的活跃度都在上升，而这两个区域对学习和决策过程都非常重要。但是，在其后并不涉及这两个区域的干扰任务中，它们再次被激活了。研究者认为，尽管大脑在忙着处理其他事情，这两个区域仍然在无意识地工作，努力做出明智的决定。实际上，接受干扰任务期间这两个区域的活跃度越高，被试的汽车排名任务完成得越好。与未受干扰的被试相比，受到干扰的被试能做出更明智的决定，潜意识为他们提供了帮助。

戴恩表示，潜意识是直觉的重要组成部分，但他告诉我，人们如果在某一特定领域内掌握了充足的背景知识，就能做出更睿智的直觉决定。"练习和经验培养了直觉，但专长能够培养出更高效的直觉，"他说，"在某个领域拥有高超技能和表现能力的人往往拥有更准确的直觉，这是因为他们的知识储备更丰富，能高效地进行模式匹配。"

你可能已经想到，反复练习积累下的经验提供了很大的帮助；如果通过练习达到专业水平，那帮助就更大了。但克雷斯维尔和伯斯利并没有考察这一因素的作用。

为了更好地理解练习和专长如何在无意识决策中相互作用，我问伯斯利："如果我特别了解某个领域，比如说，我是个汽车爱好者，或者对我想买的那辆车做了大量研究，这是否会让我的潜意识过程更高效？我能做出更好的决定吗？"

"很可能。很多研究考察了专业水平与决定的关系。得出的普遍结论是，如果你具备某个领域的背景知识，你的潜意识对你的帮助比对该领域不了解或了解程度一般的人更大。经验很重要。"

"那么，潜意识在风险决定中如何发挥作用呢？"我问，"它能缓解风险吗？"

"我不知道是否有人研究过这个问题，"伯斯利说，"不过我猜，潜意识有这个作用。人类大脑能够下意识地处理重要信息，帮助我们决定。如果潜意识能帮助我们摆脱风险，解决与生存相关的问题，我一定不会觉得惊讶。"

然而，从历史角度看，直觉做出的决定并非最优决定。那些所谓的"快思考"系统往往会让你误入歧途。如果风险很大，我觉得你更需要可靠的判断方式。直觉真的能帮助我们更好地做出决定吗？

戴恩说，这视情况而定。直觉也许能帮助我们，也许会阻碍我们。在了解具体情况之前，我们无法确定。

"一般来说，在涉及数学和逻辑分析或步骤明确的任务中，分析型的处理方式才更好。"他说，"相反，在步骤不明确、不适合数学和逻辑分析的任务中，直觉的作用就凸显了。它能快速帮你做出正确决定，而你就算花时间分析也不见得能想出更好的办法。"

我又问戴恩："面对这么多情况，什么时候应该信任直觉呢？"

"这个问题很好，科学界也没有定论。会有人告诉你，这取决于任务是什么。也会有人告诉你，这取决于你的专业程度。在我看来，这可能也取决于二者之间的相互作用。"他说，"不过我们不应该仅仅依靠直觉。有些人倾向于依靠直觉决定，也有些人喜欢分析问题、保持理性。你可以双管齐下。如果你具备足够的知识和技能，了解这一决定涉及的各个要素，那么双管齐下反而会成为你的优势。"

在决定要不要低空跳伞时，斯蒂芙·戴维斯肯定会依赖直觉做出判断，因为这不是可以靠分析做出的决定。当我问她是什么因素让她决定跳伞的时候，她却告诉我，在低空跳伞的圈子里，其他人都觉得她的选择很保守。

"很多时候我会拒绝跳伞。如果情况有问题、感觉不对劲或者我不喜欢,我就会走下来。"她边说边喝了一小口茶。

"我需要考虑很多因素。有些场地对跳伞的技术要求比较高,因此你必须考虑这片山壁是什么类型,是山谷还是山脊,是否需要越过什么障碍。还有着陆,有的时候着陆区域很小或者很难着陆。你如果无法精准地操纵降落伞,可能会撞到树或者石头上。"她解释道。

这个过程一开始听起来是建立在分析上的,基于专业知识和过往经验对相关因素进行了评估。但当她深入讲述如何做出跳伞的决定时,我才发现她的经验意味着她所做的这些思考都是自动的。她花了足够的时间,经历过充分的练习,因此能够快速、高效、下意识地分析信息,最后的结果就是她会凭直觉决定是否要跳。

"这取决于我对跳伞的感觉如何。如果感觉糟糕,我就不会跳。我不想逼迫自己,"她说,"我信任自己的判断,会就此放弃。"

打开冒险之门

在丈夫死后,戴维斯不仅回到了低空跳伞领域,而且很快就回归攀岩运动,这可能让人感到惊讶。"我将冒险看作打开一扇门。有些门我不想打开,有些路我也没有兴趣走下去。"她说。

她也会拒绝一些冒险,这一点令我感到吃惊,毕竟她看起来似乎无所畏惧。戴维斯向我讲述了她1998年和2000年在巴基斯坦的两次攀岩经历。"我很喜欢那两次经历，我爱那里的文化、居民、风光还有攀爬的过程，还有那些山峰，"她说，"我特别想回去。"

她本打算回去的，甚至收到了一笔赞助资金，但在"9·11"事件后不久就取消了那次旅行。她在攀岩圈的一个朋友在她打算去的区域失踪了，杳无音信。于是，她决定放弃。

"我越想这件事，越觉得回到巴基斯坦这件事就像走过一扇门，最终会让我身处某座水泥小房子里，喉咙上架着一把刀。这不值得，我不想走进这扇门，"她说，"我无法接受这种结果。"

徒手攀岩和低空跳伞不一样。"两样都是我热爱的。从悬崖上一跃而下却摔在地上这样的结果是我不想发生的，也是我会竭力避免的，但我也能接受它。我知道这是个概率问题，为了继续做我热爱的事，我愿意冒这个险。"

我喜欢戴维斯将冒险比作打开一扇门的说法。减轻风险意味着要理解危险、接受不确定性并应对潜在结果。只有这样，你才能决定能否接受这些结果。

回想一下那个研究，很明显，是自身的或来自同龄人的经验使你感知到的熟悉度，让你明白那扇门确实存在，它的背后存在着你有一定概率会遇到的结果。熟悉度改变了你对风险的认知，让你保持开放，感觉舒适，并愿意继续探索。另外，经验会帮助你决定是否愿意走过这扇门。这改变了你应对风险、重新分配注意力和其他认知资源的方式，从而帮助你理解并减轻风险。这样一来，你的"油门"与"刹车"系统便可保持同步，可以依靠更有经验的直觉来做出选择。总之，其他条件相同时，通过刻意练习得到的经验能帮助我们做出更明智的选择。

熟悉度告诉我们是否应该打开这扇门，通过刻意练习得到的经验告诉我们是否应该"踩下油门"、穿过这扇门。我知道这听起来像是某种老生常谈的常识，但这种常识不断在实验室里得到了证实。如果没有熟悉度和经验，我们不可能明白某个特定决策情境中的风险都有什么，是否值得去冒险。因此，在决定冒险之前，你需要反复练习，不断学习，收获经验。只有这样，你的直觉和潜意识才能帮助你做出决定。

第八章　冒险与社会联系

人们往往会用特定的词语去描述一位军人的妻子：保守、端庄、老气、爱国、奉献等。一提到军人的妻子，人们就会想到一位穿着毛衣、戴着珍珠项链、虔诚地信仰上帝、热爱国家和家庭的女性。她绝对是丈夫的贤内助，当他在军队履职时，她在家里任劳任怨、忙前忙后。她很坚强，但也很随和。无论在和平年代还是战争时期，她都坚持军人的价值观，保持军人的传统。

传统的军人配偶肯定不会是哪种人？冒险家。他们不仅会努力避免身体受到伤害，在社会生活中也不喜欢做出重大改变。我在前文中写过，打破刻板印象、突破社会界限等都是冒险行为，是军人的配偶们绝不会做也不应该做的事情。

当然，我描述的是一种刻板印象，但刻板印象的存在也有其原因。军人的妻子，特别是职位较高的军官夫人，自然符合某种类型。她们就像《天才小麻烦》(*Leave It to Beaver*)里主角的母亲一样，留着长长的头发，穿着带星条旗的毛衣，拿着一本厚厚的志愿者日历。正是出于这种对军官夫人的刻板印象，许多人见到克里斯蒂娜·卡夫曼时会异常惊讶。她是伊拉克战争时一位美军陆军中校的妻子，同时也是"支持代码基金会"的执行理事。该基金会是致力于维护军民关系、为军人及其家庭提供帮助的非营利组织。

卡夫曼之所以会打破"军官夫人"这一刻板印象，也许是因为她毕业于加州大学伯克利分校——比起传统的爱国主义，这所学校更因其激进的反抗行动闻名，因此这所标榜自由的学校的毕业生中很少有人从事军事相关的职业；也许是因为她直截了当、毫无保留的性格——她从不畏惧坦白自己的想法（我想，应该没有人认为她有哪怕一丝的"端庄贤惠"）；也许是因为她结婚很晚，因为她选择不生育，因为她信仰自由主义；甚至也许是因为她总是骑着摩托车到处跑。如今，卡夫曼在华盛顿特区崇尚保守主义的国会山工作。很多人见过她在与参议员和其他立法者开会前的几分钟内快速换装，脱下粉黑相间的皮衣，穿上职业装和高跟鞋。据说，那种景象堪称一绝。

卡夫曼绝对是一个冒险家。她也可能是第一个告诉你她不符合传统军人配偶形象的人。2009年，在《华盛顿邮报》（*Washington Post*）的一篇社论中，卡夫曼谈论了美国军方如何给军人家庭带去了苦难，引发了不小的争议。她写道，经过9年的战争后，军方让军人家庭背上了沉重的负担，很多军人配偶认为军队让他们感到"苦涩、无力，无法感受组织的支持"。她告诉我，尽管面临着要求她保持沉默的巨大社群压力，但她必须把一些军队家庭的遭遇讲出来。她亲眼看到一些家庭陷入了家庭暴力、沉重压力、精神疾病甚至自杀的困境。

她告诉我："我知道我不应该开口，这严重违反纪律。这么多年来，每次我试图提起这些事的时候，总有人告诉我，会有'合适的方式'来处理这些事的。这些'合适的方式'并不包括在《华盛顿邮报》上发表一篇文章。但是到目前为止，这些情况并没有得到解决。我想，如果我不说出来，让人们了解军队家庭面临的困境，我这辈子都会后悔的。"

尽管卡夫曼担心丈夫会受到高层的惩罚，她还是写了这篇文章。这篇文章花了她好几个月，在发表前又被她多次修改。她说，她如果决定冒这个险，就必须做好这件事。现在看来，她的确做到了。这篇文章在军方和大众中引起了巨大反响。不久后，许多军方、政府机构和非营利组织开始请求她继续撰写文章，寻求与她合作，并寻找一些服务军人及其家庭的新方式。

但人们对这篇文章的反应也大不相同。"大多数联系我的人是来感谢我发声的，但是也有一些人提出了反对，"她说，"有趣的是，他们并非反对我的观点。他们支持我的观点，但认为我不应该在《华盛顿邮报》上发声。"

卡夫曼的反对者同意她的观点，但不赞同她在这样的公共场合发声。她发表这样一篇评论的行为违背了军队中的潜规则。军方为她的家庭提供保障，一位优秀的军人配偶不该这样忘恩负义。

如果军队确实需要改变，那么她也应该在军队内部按照标准流程解决问题。她应当将军队事务与家庭事务分开，也不应该在全球发行量最大的报纸上爆料军队的负面新闻。

风险不仅存在于现实世界。当下受欢迎的 DOSPERT 量表不仅可以评估行为的安全性与娱乐性，还可以评估你在反抗你所在的社会体系时会蒙受哪些损失。想一想，与邻居的丈夫外遇、在工作中反对上司或者像卡夫曼那样发表社论批评军方工作方式这些行为需要我们付出怎样的代价。人类是天生的社会性动物，对我们自己和最亲近的人而言，承担这样的风险可能会让我们付出很高的代价。因此，科学家认为，我们所在的社会群体能够影响我们承担风险的方式、地点、时间和原因，这一点可以理解。

青少年与群体压力

卡夫曼告诉我，她一直勇于打破界限。"你应该把我当青少年看待！"她笑着说，"让我做某件事的最好方法就是告诉我我不能或者不该这么做。"

当然，我们已经知道，青少年大脑的生理构造让他们痴迷冒险。但是，除了生理构造以外，青少年冒险行为的另一个重要因素就是群体压力。由于缺乏经验，他们处理和解决麻烦的时候总是会求助于身边的朋友。与任何公共卫生官员谈一谈，他们都会告诉你，数据清楚地显示，身处群体中的青少年更有可能吸毒、撞车或犯罪。交友不慎会导致你误入歧途。我回想青少年时代自己最傻的时候，不禁意识到自己好像也总会随波逐流。

大多数青少年都不愿承认，朋友对他们的冒险行为产生了多么巨大的影响。他们甚至可能没有意识到这一点。毕竟，青少年的自我认知尚未成熟。天普大学的社会神经学家劳伦斯·斯坦伯格研究发现了导致青少年易受同伴影响的基本大脑机制。

斯坦伯格和同事杰森·钱恩（Jason Chein）让青少年、年轻人和成年人玩模拟驾驶游戏，同时使用 fMRI 技术扫描他们的大脑。游戏目标很简单：尽快到达驾驶路线的终点。被试如果在一定时间内完成了游戏，就能获得一些现金。与大多数驾驶游戏一样，被试必须在各个路口做出选择：要么选择在黄灯时通过路口，但这样可能与另一辆车相撞；要么停车等信号灯，但这样用时更长。

当青少年独自进行实验时，他们表现出了与成年人相似的驾驶和大脑激活方式。但当他们被告知朋友们会注意他们的表现时，这些青少年会冒更大风险，闯更多黄灯，且大脑中处理回报的区域也会表现出更高的活跃性。钱恩表示，这种结果并不是注意力分散导致的，因为如果是这样，研究人员会观察到大脑额叶活跃度的上升。相反，他和斯坦伯格认为，青少年更关注冒险行为的积极结果。青少年平时会评估风险，正常驾驶，但社交元素的增加让他们更期望得到回报，即游戏奖金。这导致他们不顾危险，一味缩短用时。众多青少年研究的结果证明，回报对青少年的刺激本来就高；如果将实验放置在社会化情境中，这一刺激可能会被再次放大。

这是一个引人注目的结论。毕竟，社交生活是青少年生活中重要的组成部分，它本身就是一种回报。当青少年面对冒险时，周围的同伴将影响他们的选择，这是有道理的。不过，阿比盖尔·贝尔德表示，我们不应武断地将群体压力视为消极影响，这就像倒洗澡水的时候把孩子也一起倒掉一样。

贝尔德的实验室也进行了一项群体压力实验。她和同事们招募了读七年级和八年级的女孩，邀请她们在网站上发布对音乐、电影、电视节目以及其他青少年感兴趣的事物的看法，并用fMRI技术对她们的大脑进行扫描。研究人员告诉她们，第一次实验只是一次预演，不用登录，也没人会看到她们的答案。但在第二次实验中，她们将登录一个真实的网站，本地的青少年都可以看到她们的答案，这其中可能包括她们的同学。

"她们要回答的问题很简单，比如喜欢哪种音乐或哪类电视节目。当她们以为自己只是在预演、没人能看到她们的看法时，她们的大脑活动与成年人的一样，是前额叶皮层在活跃，"贝尔德告诉我，"但在第二次实验中，她们意识到可能有同龄人在看着自己发布的内容时，她们的大脑活动出现了显著的变化。我们发现脑岛和杏仁核活跃起来了。她们十分警惕，与其说在思考答案，不如说在'感受'答案。"

贝尔德表示，这很重要。青少年没有成年人那样丰富的经验，很难理解世界上的复杂事物，也很难理解这些复杂事物如何影响决定。因此，听从直觉是很重要的。从实验结果看，在青少年获得必要经验之前，社会环境会帮助他们形成直觉。

"我们总是把群体压力和吸毒、性行为以及其他不良行为联系起来。市面上有很多图书告诉我们要如何帮助孩子抵抗群体压力。但这里遗漏了一个重要问题——我们没有考虑到社会认同和群体压力的积极影响。"她说，"假如你的朋友们都准备上大学，没人有小偷小摸的行为，那么你很有可能也会如此。这是一件好事。"

贝尔德引用了她此前关于与鲨鱼同游和吞灯泡是好事还是坏事的研究。在这些研究中，青少年回答这些问题花费的时间更长（大脑额叶处于活跃状态），是因为他们缺乏经验，无法做出自动化判断。她认为，当青少年缺乏经验时，他们应对新情况的一种方法是寻求朋友的意见。

她说："我们天生就会向同伴学习，尤其是年长一些、经验丰富的同伴。这样一来，我们就可以避免犯错。儿童会通过模仿哥哥姐姐的行为来向其学习。青少年也是如此，他们会参考朋友的行为来决定如何处理事情。"

与许多青少年冒险行为研究者的观点不同，贝尔德认为，青少年某些固定的生理结构会帮助他们理解他们所在的社交圈。"这些结构能够让你像成年人一样关注成功所需的经验和优先事项，"她说，"这样的生理结构是在我们的进化过程中自然形成的。因此，我认为要求青少年对抗群体压力，就是在要求他们对抗自己的生理基础和进化过程。我可不想反抗这些力量。"

社会环境——群体凝聚力是很重要的。就像灵长类动物需要过群居生活才能在野外生存一样，青少年也在向自己的社交圈寻求帮助，以在他们的丛林——初高中里成功存活。理解社交环境并做出恰当回应不仅能帮助我们生存下来，也会帮我们取得成功。

群体思维

天普大学的劳伦斯·斯坦伯格的研究显示，成年人并不像青少年一样易受同龄人的影响。无论是否有旁观者关注他们的表现，成年人在驾驶任务中的行为并没有区别。这是否意味着发育成熟的大脑额叶能够帮助人们避免社交环境的影响？作为曾努力在工作场合和读书俱乐部中给别人留下好印象的人，我明白事实并非如此。成年人也很在意身边朋友、家人和同事对冒险行为的看法，有时甚至会过度在意。露丝·默里-韦伯斯特（Ruth Murray-Webster）是一家企业的风险咨询师，也是《理解与管理群体风险认知》（*Understanding and Managing Group Risk Attitude*）一书的作者。她表示，人们思考风险时，总是会受到群体思维的影响。

"群体思维"这一概念最早由耶鲁大学（Yale University）的心理学家欧文·贾尼斯（Irving Janis）提出，指的是"深入参与一个富有凝聚力的群体时，成员为达成群体共识而放弃从现实角度评估其他行为选项的思考模式"。简单说，也就是群体的信念与态度在决策过程中占据主导作用的情况。

贾尼斯的研究分析了美国政府的几次重大的决策失误。为什么美国政府忽视了日本要偷袭珍珠港的情报？为什么美国政府使越南战争升级了？为什么猪湾事件中入侵行动能够获得批准？这些决定的共同点在于，其核心决策者性格相似，都相信自己的道德判断，并认为美国坚不可摧。正是在这种群体思维的作用下，决策人员没有考虑这些重大决定中的全部变量。他们让潜在的批评者噤声，因此做出了带来惨痛失败的偏颇决定。但群体思维也不仅限于政府机构，贾尼斯的研究表明，任何组织严密的群体都有可能做出失误决定。默里-韦伯斯特认为，当群体成员拥有相似的意识形态并拒绝了其他观点时，他们判断是否该采取冒险行为的能力就会下降。

"就像贾尼斯的研究体现的一样，群体思维能让某个组织采取更多的冒险行为，但它也可以影响群体变得更谨慎，"默里-韦伯斯特说，"我的经验是，群体做决定时，人们喜欢'跟着上司的想法走'，附和群体中权力最大的人的观点。这一选择影响巨大。如果那个人喜欢冒险，群体成员都会顺势遵从；如果那个人偏向保守，群体成员也会更加谨慎。"

军人家庭，特别是那些典型的军人配偶，是研究群体思维的绝佳案例。他们有着相似的思维方式。军人这项职业的本质基本断绝了他们与平民世界的联系。他们被无数次地告知，军队传统和爱国意识胜过一切。如果卡夫曼邀请一些高级军官的妻子为她在《华盛顿邮报》上的文章提供素材，我猜这篇文章就无从下笔，更不要说发表了。这一群体可能会选择避免冒险。但是，作为旁观者，卡夫曼能够超越集体意识，说出自己的真心话。

"我认为我的优势在于能够客观看待军属生活。我30岁才嫁入军人家庭，而很多高级军官的妻子从小就在这种家庭长大，只知道军中生活是什么样的，"卡夫曼说，"但我有自己的朋友、自己的事业，还有军人家庭以外的生活。因此军属生活并非我唯一的生活，我完全是逐渐进入这个系统的。"

默里-韦伯斯特向不同企业提供咨询服务时遇到了各种各样的群体思维现象。她说，任何关系紧密的群体中都有可能出现这一现象。家庭、邻里、教会、学校，甚至是社区的童子军组织也无法避免。但是她认为，只要跳出群体来思考，人们就能避免群体思维带来的消极影响。

"关键是要进行过滤。进行风险决策时，让中立的协调员在场帮助决策人员思考，确保考虑到其他可能，是很有帮助的，"她说，"据我们所知，决策过程中直面挑战是非常重要的。我们应当鼓励透明性，允许人们向决策人员提出顾虑和疑问，让他们能充分考虑不同的意见。"

这与贝尔德的研究不同。在贝尔德的实验中，成年人会根据脑岛提供的信息对一项行为做出是好还是坏的判断。但在面对群体动力影响下的风险决定时，拒绝自动化的选择而自问"如果我们这样做，最坏的结果会是什么"是有好处的。每次要做出快速而困难的决定时，你都应该这么想。

很多研究表明，社会信息在决策过程中发挥了重要作用，特别是存在风险因素时。那些研究表明，作为决策过程中的"风险计算器"，脑内的 VMPFC 将社会影响看作判断主观性价值的关键变量，帮助我们决定冒险是否值得。额颞叶退化会导致 VMPFC 的损伤，因此这类患者无法理解社会因素的重要性，从而会做出许多错误决定。一些研究考察了显性社会因素对决策过程的影响，比如做决定时有人在旁边出主意等情况。结果显示，在这种时刻，前扣带回区域的活跃度会上升，帮助我们把回报与行动联系起来，从而从过往经验中得到启发。由此可见，中脑边缘通路非常注重我们的社会联系。这些联系影响我们选择是"踩油门"还是"踩刹车"。

家庭思维

尽管卡夫曼打破了惯例，但她仍没有逃脱群体的影响。你如果知道卡夫曼是等她丈夫离任并前往新岗位履职后才开始写那篇文章的，就能明白这一点了。

"我写那篇文章时最大的担心就是它会给我的丈夫带去什么影响。我说出自己的想法是一回事，但如果因此影响了他的事业，那就是另一回事了。"她说，"如果他还在原职，我肯定不会写那篇文章的，我肯定不会表现出我本该表现的诚实。我不能拿他的事业冒险。"

采取冒险行为时，家庭可能是最值得你考虑的群体。当你决策失误时，你最亲近的人也会遭殃，承担后果。卡夫曼没有孩子，但我想，如果她是一位母亲，她肯定也会担心那篇文章会影响孩子。我很好奇，成为母亲是否影响了我对冒险行为的认知方式。

华威大学（University of Warwick）致力于风险研究的托马斯·希尔斯（Thomas Hills）也对育儿对父母冒险行为的影响感兴趣。他和同事多米尼克·费舍尔（Dominic Fischer）招募了80名被试接受用气球模拟风险的任务（BART）。你应该还记得，在这一任务中，被试要给屏幕上的气球充气。每充一个气球，被试就能获得分数；但如果充气过多，气球炸裂，被试累积的分数便会清零。这一任务的目的在于尽可能多给气球充气，在气球炸裂前将分数变现。如果你的表现优于平均水平，这个游戏很快就会让你信心满满。

不过，希尔斯和费舍尔对这一任务进行了轻微的调整。一张男人、女人或者婴儿的照片会和气球一同出现。研究人员要求被试想象他们与照片里的人共享胜利。

希尔斯和费舍尔发现，当照片上的人物为男性时，男性被试便会增加冒险行为。被照片里另一个男人盯着时，男性被试会充更多的气。希尔斯认为，这符合经典的进化论假设——"亲代投资理论"。

女性的卵子数量有限，因此她们需要精心挑选伴侣。自孕期开始，女性便对孩子抱有深深的责任感。然而，男性的精子数量充沛，他们便会像蜜蜂一样不停寻找花朵散播种子，当然，前提是他们找得到合适的。因此，年轻男性的职责是尽可能说服更多挑剔的女性共同完成生育过程。男性如何做到这些呢？通过争夺注意力和冒险行为。从开屏的美丽孔雀到打扮精致的都市型男，男性为了获取伴侣就必须先发制人，博得关注。希尔斯认为，男性在 BART 中冒险行为的增加表明，他们的生理因素促使他们炫耀自己，哪怕可能会妨碍他们吸引异性的竞争者仅存在于幻想中。

但是，女性的表现有所不同。从整体看，女性充气的次数比男性少。当婴儿照片出现时，她们充气的力度减小了。婴儿的照片似乎让女性更加抗拒冒险。这也符合亲代投资理论的观点。

"儿童需要被保护。这也是女性面对儿童时更抗拒冒险的原因之一。"希尔斯解释道。

这可能也解释了我在生下儿子后冒险行为出现变化的原因。我想保护他，避免我的错误决定对他造成伤害。和希尔斯交谈时，我发现这项研究中的女性看到的并不是自己的孩子的照片。就算面对着随机出现的陌生婴儿，她们充气的次数都在减少。如果她们看的是自己的孩子的照片，这种影响是否会更强烈呢？我必须问一下。

"我认为这种影响肯定会更强烈。"希尔斯回答。

"那如果男性看到自己的孩子呢？已有研究表明，有了孩子后，男性的睾丸激素水平会降低。由于睾丸激素水平与冒险行为密切相关，男性看到自己孩子的照片后，是不是会更抗拒冒险？"我问道。

"我认为是这样的。已经有些研究表明，面对自己的孩子时，男性会更抗拒冒险行为。"希尔斯说。

潜在伴侣思维

希尔斯假设,男性之所以在 BART 中更倾向于冒险,是为了跟潜在的男性对手竞争,但男性冒险是否也是为了吸引伴侣呢?如果女性并不接受你,即便你超越了其他男性对手站到最后,又有什么意义呢?

在过去的十几年中,无数研究表明,仅仅是身处极具吸引力的异性周围,人们的认知功能就会受到干扰,特别是对男性而言。一位好看的女士出现在房间里时,你就能深刻感受到罗宾·威廉姆斯对男人的判断多么正确了——他曾说:"男人的头脑和阴茎只能有一个在工作。"但事实是,漂亮女性的出现不仅妨碍了男性的工作记忆和认知,也增加了男性的冒险行为。原因之一在于,女性的出现提升了男性的睾丸激素水平。

为了研究这一现象,澳大利亚昆士兰大学(University of Queensland)的心理学家理查德·罗内(Richard Ronay)和威廉·冯·希佩尔(William von Hippel)来到了布里斯班的滑板公园。如果你经常光顾这里,你肯定知道这些孩子玩的滑板运动不适合胆小的人:在 U 型池上自由翻转,沿着栏杆滑下来。你也会看到他们经常摔倒,头破血流,摔断骨头,撞在一起,但一直笑着。尽管他们没想取悦谁,但他们努力尝试的这些技巧都十分危险。那么,如果滑板爱好者中出现了一个漂亮女孩,会发生什么呢?男性滑

第八章 冒险与社会联系 | 143

板爱好者会更爱冒险吗？看起来似乎是这样的。

罗内和希佩尔招募了96位男性滑板爱好者，让他们完成一个他们已经熟练掌握的简单动作，然后再完成一个他们过去成功率只有一半的复杂动作。在第一轮实验中，所有被试都被要求做这些动作，每个动作做10次，一名男性研究者负责录制视频。这很简单，对吧？在第二轮实验中，他们需要再次完成这些动作，但是一半被试会由一位漂亮女性负责录制视频。实验结束后，研究人员会收集被试的唾液，以检测其睾丸激素水平。

和预想中一样，当漂亮女性观看男性滑板爱好者的表现时，男性在尝试复杂动作时会更冒险，放弃尝试的次数也减少了。鉴于他们在努力得到女性关注，研究人员观察到，这些尝试中既有成功，也有失败。也就是说，滑板爱好者放弃尝试的次数减少后，他们挑战失败和成功完成动作的次数均有所增加。和预计中一样，当漂亮女性负责录制视频时，男性的睾丸激素水平也不断升高。罗内和希佩尔认为，睾丸激素水平的升高在一定程度上导致了冒险行为的增加。你可能还记得，在金融市场和其他领域，睾丸激素水平提升会导致冒险行为增加。这一规律似乎也适用于滑板运动。

研究人员假设，当漂亮女性在场时，VMPFC——前额叶皮层中风险计算器的计算能力会减弱。睾丸激素水平升高，意味着这些年轻男性很难冷静计算风险，进而"踩下刹车"。这减弱了大脑对行为的控制能力，导致人们做出更冒险的举动。但罗内和希佩尔表示，这些大胆的行为似乎也有进化方面的目的：能帮助年轻男性吸引异性。华威大学的心理学家托马斯·希尔斯同意这一观点。

"从进化论的角度看，男性需要考虑如何接近女性。因此，当男性与同性竞争以吸引女性时，他们往往会做出更冒险的举动，"希尔斯说，"在人类的进化史上，很少存在每个男性都能匹配一名女性的情况。这意味着通常会出现赢者通吃的局面。一名男性必须脱颖而出，否则就很难获得繁衍的机会。"

在这种情况下，冒险就是一件好事。冒险能帮助年轻男性从人群中脱颖而出，得到心仪异性的关注。同时，冒险也能震慑其他男性竞争者，使他们知难而退。因此，罗内和希佩尔认为，男性已经进化出独特的激素调控机制，加剧他们在极具魅力的异性面前的冒险倾向。这一特殊的生理机制能够帮助他们找到伴侣，四处播撒基因的种子。冒险意识的增强会让男性在滑板场上摔断的可不只是膝盖了。

冒险让我们心连心

以上案例表明，社会关系在我们的风险认知与冒险行为中发挥着重要作用。朋友、家人和同事给予我们支持，赋予我们情感和认知层面的稳定性。我们所处的社会群体会帮助我们判定自己愿意承担多大的风险。哪怕是不认识（但可能想结识）的人也会影响我们对风险的计算。懂得群体对个体决策的影响后，我们会更加睿智地退后一步，反问自己这是不是正确的选择。无论是在职场上还是家庭中，一个明智的团体都能帮助我们（也帮助我们的中脑边缘通路）衡量风险计算中的所有变量，最终做出合理的决定。

卡夫曼认为，自己在科德支持基金会找到了志同道合的朋友，他们拥有共同的愿景与目标。她也很感激有机会直接与政府机构合作，帮助军人家庭。不过，她也承认，作为这一团队的成员，有时她也不敢在一些不受欢迎的议题上发表大胆的观点。她担心自己会惹上麻烦，给基金会造成损失。

"在与级别很高的人会面时，我就不太敢直言不讳了。以前，我可能会直截了当地说出想法，因为这是让人们了解情况的唯一途径。现在，我觉得我有时得强迫自己这么做，"她说，"我得衡量其中的风险。因为，发声与保住你的话语权之间的尺度不好把握。你唯有仔细斟酌风险，人们才会相信你的机构致力于解决问题，扮演合作者的角色；你才能与其他机构保持密切联系，确保实现你的目标。"

即便是不守成规者也会受到所在群体——以及儿童、潜在的情敌和漂亮女性影响。社会影响的作用是如此强大，因此默里-韦伯斯特呼吁在进行风险决策时要加强自我意识。她表示，我们需要后退一步，确保我们所在的社会群体帮助我们关注风险决定的正确因素，而非让我们误入歧途。

"特定情况下，我们需要环顾四周，明白哪些因素在影响我们的态度。因为你在多大程度上受到他人影响,有时是无法衡量的,"她说,"想一想当下发生的事情,涉及了谁,谁期待哪种结果。接着,向你自己提些问题。这样做以后,你就更清楚什么时候该冒险,什么时候不该了。"

第九章　冒险与情绪

人们看到约翰·丹纳（John Danner）时，首先注意到的便是他的笑容。他的笑容那么灿烂、发自肺腑，看起来甚至不像是真的。在40多岁的年纪，他的笑容已经让皱纹深深地镌刻上他的脸庞。因为太深了，他看起来好像一直在笑。当你和丹纳坐下来聊一聊，这真诚的笑容会让你感到他就像一位亲切的幼儿园老师或是动画《芝麻街》的主演。你肯定不会把他想象成一名成功的企业家，一位让硅谷精英们都摇头称奇的冒险者。他看上去太快乐，太热情洋溢，并非主流商业杂志上那种严谨理性、西装革履、日进斗金的成功企业家形象。

但是，丹纳的确是一位成功（且乐于冒险）的企业家。他在加州的帕洛阿尔托堪称传奇。20多年前，丹纳就预料到了互联网上广告收入的重要性。他最早提出，线上广告应当为互联网上极速扩张的内容提供资金——以保证用户公开、免费地使用互联网。他的第一家公司"网络重力"创造了广告服务器和相关工具管理线上广告的先例。2000年出售这家公司时,他本可以紧跟最新的科技潮流,要么投资新公司,要么利用原先的经验继续从事互联网广告业。然而,他赌了一把。他决定通过技术提升公共教育水平,而且采取了一种极其另类、冒险的方式。

"很多州都试图缩减对学校的资助。无论什么时候看,很多蠢事都在威胁孩子们受教育的权利,让他们越来越难上学,"他告诉我,"这样不行,是错误的。"

丹纳想创立一家教育科技公司,在教育经费缩减的情况下帮助孩子们利用线上工具学习知识。但他明白,自己应当先做好准备,于是他回到研究生课堂,获得了教育学学位。获得学位后的几年里,他先后教过五年级和二年级的学生。经过几年的实地考察后,他与人合伙成立了一家名为"宇宙飞船教育"的有些另辟蹊径的初创公司。

"宇宙飞船教育开启了一种很有趣的教育模式。学生一天中有一部分时间在线上上课,另一部分时间在教室里上课,"他说,"我们的班级规模比较大。我们竭尽全力推进这一模式运行,希望它的效率和表现都能很好。"

更多的线上时间和更大的班级规模——这些做法违背了公共教育体系中大多数教育工作者的主张。事实上,它们甚至属于理想的教育中应该避免的情况。尽管如此,宇宙飞船教育的模式在某种程度上取得了成效。在过去的几年里,宇宙飞船教育在加州很多处于弱势地位的特许学校(更不用提那些资金短缺的学校了）取得了成功。这一模式虽然打破常规、充满风险，但是确实奏效了。

我问丹纳，在他看来，宇宙飞船教育遭到很多专家反对的模式为何能够取得成功。听到这一问题，他又露出了标志性的笑容。"我认为，做一个特立独行的人是很重要的。看看身边取得成功的朋友，你会发现如果你不特立独行，那么你脱颖而出的机会就会很少。"他意味深长地说。

特立独行者往往被视为冒险者，这一点不需要我赘述了。不过，尽管丹纳的朋友们将他看作特立独行者，他自己却不赞同这一评价。事实上，他觉得大多数社会企业家，或者那些希望通过创业改变社会的商人，都不喜欢被这样称呼。

"几年前，有人写过一本书，试图回答是什么让社会企业家成名的问题，"他说，"在访问了大批社会企业家后，作者得到的结论是，社会企业家往往有强大的动力去完成手上的事业。他们认为那是一种使命。他们不认为自己做的事是在冒险，因为他们强烈感受到这件事必须完成。你一旦认定某件事是你必须做的，还会在乎是否会冒险吗？你关注到一个社会问题，觉得必须解决它。为了实现这个目标，你会做任何事。"

就像他的标志性笑容一样，约翰·丹纳怀揣着明确的目标。他发现一种需求，便会努力工作来满足它。让他精神抖擞的不仅有他的事业，还有他的情感。在商业领域，当他需要做出是否要冒险的判断时，他肯定要依靠他的感受。

情绪与情感

全球领先的商业公司彭博（Bloomberg）估测，80% 的初创公司都以失败告终。尽管数据不容乐观，但遍布硅谷的成功连续创业的企业家们总在尝试理性地冒险，把时间和资金有计划地投入新的初创公司。以往与决策行为相关的神经经济学理论认为，这些决定并不涉及任何情绪因素。实际上，这一观点的支持者可能会同意《沙丘》（*Dune*）作者弗兰克·赫伯特（Frank Herbert）的观点，认为恐惧——以及其他任何情绪——都是一种"意志克星"，会阻挡我们成功。毕竟，不论你是刚跟另一半分手，还是对出乎意料的天使投资过于激动，情绪都会影响你做出最优选择。情绪的起伏可能会导致你分心，让你夸大某些因素的重要性，忽视其他因素的影响。如果你过于情绪化，你的前额叶皮层——即风险管理器与计算器——便会在风险计算中出现失误，令你做出不明智的决定。我们大多数人都有过因为过于情绪化而决策错误并因此付出代价的情况。也多亏了这些错误，心理学家和神经学家对情绪化的大脑如何处理不确定性的兴趣提升了。保罗·斯洛维奇（Paul Slovic）就是热衷于此的一位心理学家，他是一家非营利性机构"决定研究"的负责人，致力于研究现代生活中的风险决定。

"心理学家研究风险的方法与经济学家的大致相同，"斯洛维奇称，"但经济学家偏爱'慢思考'系统，他们认为每个人在做决定时都会对预期的价值与用途进行复杂的计算。我们经过长期研究才发现，还存在一种'快思考'系统，而且它更占优势。情绪与情感对我们的决定的影响也许并不明显，但这种微妙的影响却值得关注。它们常常会在我们毫无知觉的时候影响我们的决定。"

的确，现在的科学家已经认识到个体的情绪，或者说更难以言表的微妙情感，并非总是坏事。情绪或情感不一定总会干扰我们的决定，有时反而能帮我们更好地评估风险。

那么情绪和情感又有什么区别呢？斯洛维奇说，二者的关键区别是程度不同。情绪是强烈的，甚至是不可抗拒的，具有进化学目的：能够唤醒神经系统，从而让我们应对外界提出的挑战。情绪能导致生理变化，进而影响我们的行为。以恐惧为例，杏仁核是大脑的警报器，能够释放信号，引起机体反应，如心率上升、呼吸急促、开始出汗等。你的面部表情也会开始出现变化，身体紧张起来，准备应对威胁。

"情绪的力量很强大，能令我们紧张起来，做出回应，"斯洛维奇说，"情绪会保护我们避免受到伤害，但它们也很耗费我们的精力。"

的确是这样：身体机制需要付出大量精力应对情绪，无论是恐惧、愤怒、恶心、惊讶、开心还是悲伤。情绪因素参与决策过程，对生理机制而言是沉重的负担。有时负担太过沉重，身体便会运转不畅。南加州大学（University of Southern California）的一位前沿神经科学家安东尼奥·达马西奥（Antonio Damasio）几十年来一直在研究情绪在决策过程中的作用。他指出，我们在成长中逐渐拥有了应对情绪的能力，不再面对混乱的生理反应手足无措。我们可以从过往对情绪的体验中获得经验，从而唤起某种情感或情绪的本质，以帮助自己做出决定。这样一来，我们就不用每次都受情绪影响而心率升高、汗流浃背了。这也使得决策过程更加高效，不论是在生理层面还是认知层面上。（当然，我们也不用因为流汗而跑去洗衣服了。）

"但在做决定时，我们会想到我们畏惧的事物及其消极影响，我将这种心态称为'情感'，"斯洛维奇表示，"我将其定义为一种感觉，有时它是无意识的。但是一般来说，情感是指你对正在发生或即将发生的事是好是坏做出的判断。情感不等同于大开大合的情绪，而是会像喃喃低语一样指引你的行为。"

情感是"快思考"系统中的重要部分，是一种决定捷径，能帮助我们迅速思考——幸运的话，做出符合自身利益的选择——也能激励我们竭尽全力应对未知。应对风险时，情感发挥着重要作用。当你做出冒险决定时，你有可能感受到自己的情感，它躲藏在你的大脑里，告诉你，你接下来要做的事是多么伟大抑或多么愚蠢。那么，情感如何改变风险认知呢？根据达马西奥的观点，情感提供了一些"躯体标记"，或称"情感输入"，帮助我们做出决定。

躯体标记与冒险

20世纪90年代中期，达马西奥对一群VMPFC——也就是风险计算器受到损伤的病人进行过观察。你如果在大街上碰到他们，根本察觉不出他们存在脑损伤。他们智力基本正常，也能处理各种各样的问题，但达马西奥在实验室中观察到了一些有趣的现象。这些病人在博弈游戏中往往会表现得更爱冒险，而且似乎无法从过往经验中吸取教训，在反复实验中会一直做出高风险决定。这一缺陷不仅发生在实验室中，也发生在现实生活中。

人们很容易将这种特殊的决定路径归因于注意力或记忆力方面的障碍，但达马西奥还观察到了另外一点：他们都不具备情绪化的特质，事实上，他们的情感表现都很平淡。他们面对情绪化的场景时并没有 VMPFC 无损伤的人那样激烈的反应。这令达马西奥意识到，这些病人的真正损伤或许是情绪方面的。简单来说，VMPFC 受损的患者无法利用情绪和情感帮助自己做出决定。情感的缺失，尤其是面对不确定情况时的情感缺失，会使人更容易冒险，做出不太明智的选择。

达马西奥将这一理论称为"躯体标记假说"。躯体标记指的是斯洛维奇所说的"情感的喃喃低语"，即所处情境与相关情绪的紧密联系。"躯体"是一个生理学术语，做形容词时意为"与身体相关的"，更准确地说，是与神经系统中负责随意活动与决定的部位相关的。躯体标记是风险计算中的变量之一，是情绪或情感的指示器，会帮助你从过往的经验中吸取教训，促使你做出决定。

躯体标记假说的关键在于，在冒险情况下，情绪是做出明智决定的关键因素，因为情绪可以帮助我们评估不同选项的价值。这些标记会强调某一决定的潜在结果对情绪的影响，帮助我们调整注意力，关注在同等条件下会导致最佳结果的最优选项。

在本书的前几章我们讨论过，VMPFC作为大脑的风险计算器，在评估风险的主观性价值方面具有重要作用。达马西奥观察的患者正是这一区域受到了损伤。然而，杏仁核区域（即大脑的警报器）受损的患者也会面临同样的问题。这两种情况下，患者似乎无法预测他们的选择带来的情感影响，换句话说，他们在计算风险时无法处理躯体标记，无法利用过往经历造就的情感记忆做出选择。

达马西奥的同事安托万·贝查拉（Antoine Bechara）延续了他的研究，总体来看，他们的研究认为，要想做出明智的决定，认知技巧和情感输入二者必不可少。如果选项很复杂且相互冲突，这一点则体现得更明显。他们几十年的研究表明，杏仁核始终会响应"战斗或逃跑"、进食和繁衍等重要机制，面对我们在生活中遇到的各种回报和惩罚生成情感标示，即感受。脑岛区域不仅处理直觉，还能识别杏仁核生成的感受，并将其与过往经验联系起来。换句话说，杏仁核为我们提供了不同情境下强烈、本能的感受。脑岛会处理这些感受，使其更柔和，因此个体能够在情境中察觉、理解并应用这些感受。当我们做决定时，VMPFC能够评估这些感受，在大脑中预演出它们会对你的不同选择的潜在情绪后果做出怎样的反应。这一机制有时是下意识的，例如你做决

第九章 冒险与情绪 155

定时偶尔会听到的大脑中的警告；有时则是无意识的，会使你不自觉地倾向于某一特定的选择。

比如，你在周五早上有一场重要的商业会议，但是刚刚有人邀请你在周四晚上去看你最喜欢的乐队的演出，那么你将如何度过周四的夜晚呢？躯体标记会指引你做出选择。假如能否在这次会议上签下订单决定了你能否得到升职机会，你一想到自己准备不充分和在同事面前丢脸的样子，就会产生令你感到焦虑和沮丧的躯体标记。这些躯体标记在警告你：最好待在家里，专心准备你的展示，还要睡个好觉。当然，你也会感到另一种躯体标记在提醒你，去看乐队演出、随着人群热舞会多么开心。理论上看，能够引发更强烈反应的躯体标记最终会占据上风或至少帮你想出折中的办法，让你既可以充分准备材料，又可以去看演唱会。

"感受可以让我们多冒险，也可以让我们少冒险，这取决于具体的场景，"斯洛维奇说，"它们就像精密的罗盘，是基于个体对世界的体验的工具，帮我们鉴别哪些选择对我们有益，哪些选择对我们有害。如果我们的感受能与我们的环境和目标、我们看重的事物、我们的道德判断保持一致，它们就能够协助我们做出明智的决定。"

感受可谓绝佳的决策导火索和捷径。这些躯体标记能让我们卸下复杂的风险分析的负担，转而快速、高效地做出决定。但是，快速做出的决定不一定对我们有利。那么，感受通常是会促进还是阻碍我们做出更明智的决定？

情绪与偏见

神经学家的研究可能会让你以为我们是经过充分分析后决定是否要冒险的。正如哈佛大学的神经学家约书亚·巴克霍尔兹所说,风险就是计算主观性价值、评估不同可能后果导致的得失——判断什么对我们有价值。但是,想一想这些年我们做过的重大决定,很明显,我们并不是通过思考判断风险的。我们对情境以及可能后果的感受也发挥了重要作用。斯洛维奇认为,我们认知和应对风险的路径有两条:一条是感受路径,面对危险和不确定性做出直觉反应;另一条是分析路径,对风险做出理性、符合逻辑的思考。尽管两条路径都很重要,但是感受自动承担了更多的日常风险评估工作。在大多数情况下,我们的直觉占据主导地位。

正如斯洛维奇所说,如果这些微妙的感受与现实情况一致,我们就能更好地做出决定;但如果这些感受与现实情况相反,或者已经超乎喃喃低语的程度而表现得更强烈,我们便会陷入麻烦。常识也会告诉我们感受对做出正确决定的重要性。当你面对人生的重大决定时,有多少人会劝告你"相信直觉"?当我对朋友们说起我男友出人意料的求婚时,她们都告诉我,相信直觉就好。但同时,我们也知道,我们的直觉常常会将我们引入歧途。就像尼克·霍恩比(Nick Hornby)的小说《失恋排行榜》(*High Fidelity*)中罗伯·弗莱明所说的,"自从 14 岁以来,我就是凭直觉做事的,但是坦白说,在你我之间,我明白我的直觉糟糕透了"。

霍恩比提出了很重要的一点。面对风险情境时，情绪对我们的潜在助力和伤害都很大。科学家们意识到，情绪是通过打乱我们计算风险时各项变量的权重来实现这一点的。

研究人员发现，如果某个决定会带来强烈的情绪反应，那么我们做决定时不同变量的权重更容易被打乱。情绪反应强烈的决定能让我们产生迅速、生动的想象，从而引发本能、强烈的感受。这些感受推动着我们凭直觉做出决定。

想一想，如果国家彩票的奖金达到3亿美元，会发生什么？像很多人一样，我会冲出家门买一张彩票（也有可能是20张）。我知道赢得大奖的概率很低：我在网站上查到，有175,223,510人买了彩票，只有1人能中奖。我明白，这个中奖率对我来说约等于零，比彗星撞击地球的概率还低（彗星撞击地球的概率是1/250,000）。但只是想想赢大奖的场景，想象一下能开着法拉利环球旅行，就让我有足够的动力花我辛辛苦苦赚的钱去买一张彩票了。因此，我因为一种快乐的感受而花了2美元，获得的是对中奖的憧憬，而并非那些实实在在的、能让我在此时此刻变得快乐的东西，比如一块美味的红丝绒蛋糕或一首从iTunes商店购买的劲曲。

尽管我们明白这些道理，但这份回报激发了强烈的情绪反应，改变了我们思考风险的方式。举个例子，你会选择50美元还是亲吻最爱的电影明星？又或者，在不确定的情况下，你会选择买50美元的彩票还是参与奖品是亲吻这位明星的抽奖？来自芝加哥大学决策研究中心（University of Chicago's Center for Decision Research）的心理学家尤瓦尔·罗登斯杰克（Yuval Rottenstreich）和奚恺元（Christopher Hsee）就在实验中提出了彩票中奖与亲吻明星的问题。他们从莱斯大学招募了 40 名学生，一半学生在确定场景下进行实验，即要么得到 50 美元，要么亲吻明星；另一半学生在不确定场景下进行实验，即要么选择可能中奖 50 美元的彩票，要么赌一把获得亲吻明星的机会。被试需要在两个选项中做出选择。

　　研究人员发现，确定场景与不确定场景之间存在明显的差异。当人们确定能拿到奖金时，大多数人就会直接选择 50 美元。这不足为奇。能真拿到 50 美元，比虚无缥缈的亲吻好多了。但是，如果被试需要在彩票和抽奖之间做出选择，大多数人愿意赌一把，试图得到亲吻梦中情人的机会。罗登斯杰克和奚恺元认为，这是因为亲吻的可能性充满了情感，会让你心里微微泛起温暖、酥麻的感觉。那么 50 美元就不能激发情感吗？我一位朋友说，50 美元甚至不够交电费，肯定也就没有那么强烈的情感吸引力。

　　当面对同等价值的回报时，我们会如何考量情感因素呢？这便是罗登斯杰克和奚恺元的下一项实验。在第二项实验中，他们在芝加哥大学招募了 138 名本科生。这次的彩票成了一张 500 美元的代金券，要么兑换一次终生难忘的欧洲之旅，要么抵扣学费。被试要判断在 1% 和 99% 的概率赢得代金券的情况下，他们分别愿意花多少钱得到这两张代金券。再一次，这些学生被情感支配

第九章　冒险与情绪

了。他们更愿意为旅行代金券花钱，而不愿为抵扣学费的代金券付费。在 1% 的概率下，被试愿意为欧洲游代金券支付金额的中位数为 20 美元，而愿意为抵扣学费代金券支付金额的中位数仅为 5 美元。

但是，当概率被调整至 99% 时，有趣的事情发生了：被试愿意为抵扣学费的代金券付的金额提升了。这一结果很奇怪（也很疯狂）。为什么学生愿意为一开始并没有那么喜欢的选项付更多钱了？这便是这项研究的关键。这一研究展现了决策过程中的情绪偏见。会引发强烈情绪的结果导致我们高估了小概率事件，而低估了大概率事件，从而影响了我们的决策能力。因此，情感阻碍了我们进行理性分析。

这一偏见仅适用于正面情境吗？如果在负面情境中又会有什么变化？罗登斯杰克和奚恺元也想到了这一点。这一次，他们招募了芝加哥大学的 156 名本科生，让他们想象自己正在接受惩罚。他们面临的惩罚包括自掏腰包给研究人员 20 美元，或者接受电击。被试愿意为这两个选项支付多少钱呢？哪个选项会令你产生本能的反应？我上周刚被面包机电过，因此我愿意支付 20 美元。显然，被试也是这样思考的。当惩罚概率为 1% 时，平均来看，被试愿意支付 7 美元来避免电击，而只愿意支付 1 美元来避免损失 20 美元。当概率提升至 99%，结果则相反。人们愿意支付 10 美元来避免电击，愿意支付 18 美元来避免损失 20 美元。这是不是很有趣？情感再一次阻碍了我们理性的风险计算。

不论是正面情境还是负面情境，如果风险决策会带来巨大的情绪负担，你便有可能受到干扰，无法理性地计算风险变量，导致做出的决定并非总对自己有利。当不确定性升高时，你会高估事情发生的概率；当不确定性降低时，你则会低估它们。情感因素，特别是强烈的情绪，会让我们偏好积极、正面的变量。我们会凭借直觉而非对可能结果的理性分析行事。我买彩票的故事就能说明这一点。由于有中大奖的可能性，我的风险认知系统并没有告诉我中奖的概率仅有几亿分之一，而是只告诉我有中大奖的机会。仅仅是中奖的可能性——以及脑海中开着带加热座椅的法拉利跑车的场景——就足够让我神魂颠倒。正因如此，我就去买了彩票。

提升情绪控制水平

情感会影响我们认知和应对风险的方式，但这其中也存在程度的问题。如果情感过少，你可能做任何事都缺乏动力；如果情感过剩，你对风险的计算会出现偏差，让你做出有害的决定。那么，我们应当如何利用情感？如何确保情感对决定有利？罗格斯大学（Rutgers University）一位从事风险与决策研究的神经学家毛里西奥·德尔加多（Mauricio Delgado）认为，成功的冒险者拥有一个共同点——都能控制自己的情绪。他们能够找寻各种途径，确保"慢思考"系统和理性分析系统正常运转，避免那些情绪反应强烈的选项。

"这其实并不难。如果你过于看重某一决定，变得情绪化，你就无法正确看待风险，因为你所有的注意力都集中在这一个决定上。如果你后退一步，不那么强调它，而是着眼于更大的目标，你就能更好地判断风险。"德尔加多告诉我。

如何才能不过于看重或弱化某一决定呢？实际上，办法有很多。我想到的有正念、冥想、刻意练习和可视化技巧等。大多数成功的冒险者会利用这些方法在关注眼前任务的同时也顾及到长远的目标。其他不错的情绪管理方法包括生气时默数到十再开始行动、向朋友大声阐述你的选择的合理性或将某一决定的好处与坏处列表。我们可以利用以上认知策略使"慢思考"系统参与决策过程，实现"慢思考"与情绪化的"快思考"的平衡。看起来，关键就是争取一定的时间，让我们能考虑到一切因素。但德尔加多又想到一个问题，这些技巧的使用最终是会增加还是会减少冒险行为？当我们变得情绪化时，这些方法如何改变大脑的决定通路？

为了说明这一点，德尔加多招募了罗格斯大学的 30 名学生参与实验。研究人员在他们进行简易赌博任务时对他们的大脑进行扫描。他们需要在两个选项中做出选择，一个是确保拿到保证金（安全选项），一个是通过赌博赢得更多奖金（冒险选项），有五种不同的赢钱概率（20%、35%、50%、65% 和 80%）。比如说，一次实验中，被试可以选择确定的 2.07 美元或有 20% 概率赢得的 10.35 美元；在另一次实验中，被试可以选择确定的 1.5 美元或有 65% 概率赢得的 3.75 美元。在这一任务中，即使输赢结果让你兴奋，你也需要有对这些数字进行分析的能力。在做出决定之前，研究人员会向被试展示三个关键词当中的一个，以供思考。这三个关键词是"看""放松"和"兴奋"。

当被试得到"看"这一关键词时，他们会停下几秒钟，思考一下即将做出的决定和赢钱的概率。很简单，就是想想眼前的任务罢了。"放松"一词会引导被试想象一幅平静、安宁的画面，可能是一处海滩、浪花拍打海岸的声音加上一瓶冰镇啤酒。"兴奋"一词则会提醒被试发动想象力，在确定的金额和赌博间做出选择前想一些激动人心的事情——一种让人打起精神的时刻。这些不同的暗示引发了不同的情绪变化，是否会导致被试做出不同选择？他们是否会呈现出不同的大脑激活模式？

如果你觉得答案是肯定的，那么你就赢了。和得到"看"这一暗示的被试相比，得到"放松"暗示的被试更少冒险或下注。"放松"这一暗示帮助他们后退一步，在参与游戏的兴奋中抑制自己的情绪，做出更保险的选择。而且，平静安宁的画面意味着有效控制情绪，那些自述能成功想象平静画面的人更倾向于选择保证金。德尔加多认为，这证实了有效使用情绪控制策略就可以减少做出的冒险决定。

当德尔加多和同事们查看神经成像的结果时，他们发现"放松"这一情绪控制方式同样改变了大脑处理风险的方式。他们曾假设能观测到基底节的纹状体区域出现变化，情绪控制能够改变大脑识别金钱回报的方式，也能改变大脑对风险的认知。事实证明，他们的假设是正确的。当被试在做出选择前"放松"下来，他们左侧纹状体区域的活跃度会降低。因此，通过使用情绪控制策略，被试并不会因为重大回报而过分激动，他们在游戏进程中认真计算风险，最终获得更多奖金，因为实验中的获奖概率不断提升。

而且，情绪控制并非仅仅改变了基底节（风险处理通路中的"油门"）的活跃度，也改变了 VMPFC 的活动。VMPFC 能够编码主观性价值，那么情感会如何影响这一机制呢？杜克大学认知神经学研究中心（Duke University's Center for Cognitive Neuroscience）的斯科特·许特尔（Scott Huettel）指出，几项涉及情绪控制的神经成像研究表明，VMPFC 出现了变化，意味着它在情感控制方面具有重要作用。许特尔想知道是否还有其他影响机制。

许特尔和同事们招募了 31 名被试，让他们掌握一种"认知重新评价"策略：在某个场景中产生情绪反应时，被试要学着作为客观的观察者来应对，而不带有任何个人倾向。当我儿子抱怨我是世界上最坏的妈妈，比《星球大战》里的妈妈还糟糕时，我也采取过同样的策略。我忍不住想象，如果《星球大战》中的怪物反派赫特人贾巴来照顾他，他会如何反应。我承认，这种方式确实能帮助我们排解消极情绪。随后，被试接受 fMRI 扫描，并观看一系列照片。这些照片来自"国际情绪图片系统"（IAPS），具有积极、消极或中立等情绪指向，从惨烈的车祸现场到草坪上的鲜花。

每次实验中，对情绪有影响的 IAPS 图片会在屏幕上出现两秒，接着在每张图片下方，"体验"或"抽离"的字样也会出现两秒。"体验"一词引导被试经历照片中的情绪指向，而"抽离"一词引导被试利用"认知重新评价"策略摆脱照片中的情绪指向。照片消失后，被试有几秒钟的时间思考，然后对他们感受到的积极或消极程度进行判断。

许特尔和同事们发现，通过在惨烈车祸或面部损伤等消极情绪的图片上使用"认知重新评价"策略，被试前额叶皮层和涉及意识与控制的脑区的活跃度都出现了上升。相比之下，如果被试选择"体验"消极情绪，他们的血液流向并没有发生明显的变化。另外，面对可爱小狗或微笑婴儿等积极情绪时，选择"脱离"的被试的前额叶皮层的活跃度会明显上升，选择"体验"的被试的血液会流向杏仁核和腹内侧前额叶皮层，即主观价值计算器。

这意味着什么呢？许特尔说，面对积极情绪，情绪控制策略会降低 VMPFC 的活跃度，令人们充分体验情绪的影响。也就是说，由于 VMPFC 能够判断个体的主观性价值，无节制的快乐会让人分心，从而夸大潜在结果的可能性。这些积极情绪总会阻碍人们进行理性分析。我们不会关注某种结果的可能性极小的事实，而只会抓着存在这种可能性这一点不放。这种变化也使我们在做选择时更加冲动。我们购买彩票，是因为我们想象着自己可以如

第九章　冒险与情绪

何挥霍奖金；我们购买豪车，是因为我们喜欢自己开这种车时的样子和感觉；我们更愿意去冒险，是因为我们过于兴奋。这些积极情绪既可以干扰对不同选项的价值判断，也能让我们做出不太明智的决定。如果我们不控制自己的情绪，不努力激活"慢思考"系统来实现制衡，便会误入歧途。

管理情绪，做出明智决定

尽管我们讨论了很多有关感受的问题，但一直面带笑容的成功企业家约翰·丹纳却说，他不是一个情绪化的人。

"大部分人认为我像一个典型的工程师，总喜欢看数据，"他说，"但我想，如果你要做出某些重大决定，情感肯定是主导因素。尽管我们总是努力保持理智，但是最终你会发现，直觉一直影响着你，告诉你'你需要这样做'。"

看来，是丹纳的理性分析和感受的共同作用让他在商业世界取得了成功。研究决策的斯洛维奇表示，尽管情感总是起主要作用，但它也经常需要"慢思考"系统的援助。丹纳就是这样，他能够调节自己的情绪，做出正确的商业决定，帮助企业获得成功。这种能力是很珍贵的。

丹纳说，逻辑与情绪的共同作用对他的影响在于，尽管他热爱教育事业并开创了这家特立独行的公司，但是他已经在计划离开这里了。据他所说，他从第一天就计划离开了。

"创立这家公司时，我认真考虑过是否要找合伙人协助我处理公司事务。当我软弱的时候，合伙人能强硬一些。"他说，"但实际情况是，当我跟我的合伙人普雷斯顿说起开公司的想法时，我想的却是：'这个人几年后能接手公司吗？'我想找一个等我退出以后可以接管公司的人。"

"等等，你在创立公司之前就已经想着找继任者了吗？"我惊讶地问。

"是的，"他笑着回答，"在过去的5年里，我们一直计划让他接管公司。我希望过两年他就能出任总裁了。"

"但为什么呢？你这么热爱这份事业。"

"我一直认为，做长远来看正确的事意味着要在短期内做出冒险的决定，这比一直忙着降低风险更有利。在我看来，一成不变是危险的。如果不努力适应，你便无法生存。公司不断发展壮大，也越来越难以适应新的变化。"

"那你就可以直接离开吗？"我有点儿不相信。"就这样？"

"当然。我在网络重力待了4年。目前宇宙飞船教育已经运转了6年。我的初衷是，在公司雇员达到1000名、反应速度与适应能力退化之前退出。目前我们大概有300名雇员，情况已经有些困难了。一家公司必须求变。不求变、缺乏适应能力最终会使公司破产。"

我承认我有些疑惑，特别是考虑到丹纳的热情和情绪投入，我觉得他不会轻易离开这一岗位。但是，在我们谈话后不到6个月，丹纳就兑现了自己说过的话。普雷斯顿·史密斯接替了总裁

第九章 冒险与情绪 | 167

职位，而丹纳又创立了名为 Zeal 的新公司。离开宇宙飞船教育一方面是丹纳长久以来的计划之一，另一方面也是因为他认为公司应当努力迎合新的需求。丹纳的这种感受引领着他创办了新公司。

"在我看来，宇宙飞船教育存在的主要问题与学生的个性化学习有关。个性化学习让老师背负着沉重的压力，"他说，"Zeal 的目标则是减轻老师的负担，让他们了解学生已经掌握了什么，还需要掌握什么，然后为其制订学习计划，接着就可以放手不管。目前 Zeal 运转得很好，每天学生们会完成共计 1.2 万节课。"

尽管有热情、有情绪，但是丹纳知道何时需要抛下过去，重新出发。他知道何时该创办新公司——一家规模更小、更灵活的公司——推出可以实现他教育梦想的新产品，知道何时应当与过去挥手再见。

这种情绪管理令人惊叹。研究表明，良好的情绪管理是关键，能使人们知道应该何时放手并开启新生活。我们中大多数人都需要花时间和精力改善这一技能。成功的冒险者们能够利用这些情绪控制策略来关注更大的目标，而不再着眼于冒险的决定。这一切似乎又回到了冒险的准备和体验的话题上，真是这样吗？德尔加多说是，但也不是。

"你可以从不同角度看待这件事。成功减肥的人久经训练，能拒绝诱人食物的回报，你会发现他们的 DLPFC 和 VMPFC 区域之间存在强烈的联结。这一联结在情绪管理中至关重要。也许，由于训练和以往成功自我控制的经验，你加强了这一联结，帮助你在未来做决定时利用它,"他想了一会儿,继续说,"但是,如果我们确实对某件事存在情感上的强烈依恋,那么我们可能更不愿意承受损失,即使这是理性的选择。毕竟,我们不会像金融从业者那样抛售那只股票。但是,如果你有能力进行情绪调节,或者以自上而下的方式使回报看起来没那么重要,那么你将更好地从长远出发,做出判断。"

情绪可以帮助我们做出明智决定,但它并不能单独起效。就像作家霍恩比所说,为了使直觉更出色地发挥作用,我们也需要调动"慢思考"系统。过往的经历能够引发我们的情绪反应,经过反复训练与准备,情绪反应的作用才能发挥到极致。情绪会影响我们做风险决定的方式,改变前额叶皮层从中脑边缘通路的其他部分读取信息的方式,也会改变前额叶皮层利用这些信息对风险进行计算的方式。这些差异可以从根本上改变我们面对风险时的行为,而这种改变常常不是向好的。

但不用担心,尽管感受对决策过程有重要影响,但我们注定不会成为它们的奴隶。必要时,我们能够调节情绪,降低风险。我们的感受的确会影响风险相关的脑区,但我们也有权决定它们在何时何处发挥作用。当我们追求心中所想时,退后一步,跳出情绪,将风险置于恰当的情境之中,我们才能保证最大化利用情感因素。

第十章　冒险与压力

听马克·沃尔特斯讲一讲他在特种部队服役 17 年的经历，你肯定会听到很多稀奇古怪的故事。不过，他也不会轻易打开话匣子，因为他性格偏于保守。作为第二代特种部队操作员和第三代陆军士官，他一旦开口（通常需要合适的对象和几杯啤酒），你就准备好惊讶吧。他的故事包括潜水、跳伞、丛林探险、建筑物拆除和吃被车轧死的动物等。我最喜欢的故事是，在一次模拟战俘训练任务中，他把"战俘"们召集起来检查他们的勃起功能。我能轻松地想象出一群脏兮兮、赤身裸体、饥肠辘辘的男人用这种令人大吃一惊的方式向"敌人"报数的场面。

"他们都无法勃起了，"他叹了口气，"我们有一段时间没吃东西也没休息了，但我认为这挺有趣的。"

我喜欢听他的故事，每一个都十分好笑。无论他在岗位上驻守还是在自家后院里散步，他总能陷入奇怪的窘境（也总能摆脱它们）。

他那些故事还有一个共同点，就是总会让我很紧张。这可能是因为我只是个普通老百姓，对特种部队的生活一无所知，从来没有从直升机上用绳索速降去炸基地组织安全屋的经历。这些故事让我感到很焦虑。沃尔特斯所在的特种部队通常要面对严寒、高温、饥饿、干渴、高海拔、大深度等考验，更不必说枪林弹雨了。在这份幽默之外，沃尔特斯的故事还有一个共性，那就是压力，严峻的压力。

你可能认为压力是一种感觉，毕竟我们平常是这么看待它的。我们能感到压力，它让我们愤怒、悲伤、敏感或焦虑。不过，尽管压力与情绪有关，也经常影响我们的情绪，但二者并不相同。

从科学角度看，当需求超出机体的正常控制能力时，特别是在难以预测、不可控的情境下，压力便会出现。因此，压力是你在面对棘手情况时出现的过度紧张。当你参加难度很高的期末测试时，当你在家庭活动中不得不跟前任攀谈时，当你在参加重要会议的途中车子故障时，压力就会出现。或者，如果你过着跟沃尔特斯差不多的部队生活，在哥伦比亚试图从凶悍的毒贩手中解救人质时，你也会感到压力。

压力会影响我们的生理机制、精神状态和情绪，对我们的行为也有很大影响。但压力存在巨大的个体化差异，不同人感受到压力的情境有所不同，压力对不同人生理和心理的影响也不同。我听沃尔特斯的故事时觉得我们两个处于压力光谱的两极，因为我在听他说把路边被车轧死的浣熊烤了当晚餐的故事时感到毛骨悚然，而他却显得很轻松。

在过去的 10 年里，"压力"变成了贬义词。我们似乎应当竭尽全力控制、释放、避免它。但像沃尔特斯这样从事特种职业的人与我们感受压力的方式不同。事实上，他们中很多人似乎不会对压力做出反应。沃尔特斯甚至在压力环境下表现得更好，并因为压力而感到愉快。尽管我们中很多人竭力避免压力，他却能在困境中努力获得成功。

当然，我们并不都是沃尔特斯那样的人。但最新研究表明，压力也不总是坏事。事实上，压力的促进作用非常大。承受一定的压力可以让你在任务中表现得更出色。你如果担心成绩，就会努力学习，在期末考试中获得高分。你如果担心不能出色地完成人质解救任务，就会仔细斟酌救援计划。但太多的压力也是不利的，会干扰你的注意力，影响你的情绪控制与决策能力。

这意味着，压力能够影响冒险，因为压力常常与不确定性有重合，而不确定性是冒险的重要因素。面对风险时，你想找到一种折中办法。适当的压力可以提升你的认知能力，但是过多的压力也会造成生理、情感和心理上的不适，阻碍你做出正确决定。涉及冒险时，这一点体现得更为明显。

压力对大脑的影响

压力通过激活大脑中两条互不关联的通路影响我们的生理活动与心理活动。其发挥作用的第一条路径是交感-肾上腺髓质

（SAM）系统，是一个引发"战斗或逃跑"反应的压力系统。

回想一下你上次感到焦虑的时刻。当时你可能在准备工作中要用的展示，可能在出门散步时被邻居家凶恶的杜宾犬堵在墙角。面对这些情况，你可能会有本能的反应。但你感到压力时，你的心率会加快，血压会飙升，还可能会汗如雨下。这些生理反应是SAM系统中神经冲动的大量释放导致的。压力之下，下丘脑开始运转。这是位于大脑深处、连接着内分泌和神经系统的一个体积很小的脑区。下丘脑促使肾上腺系统中的髓质释放肾上腺素和去甲肾上腺素等神经化学物质，导致体内大量释放葡萄糖（机体的主要能量来源），杏仁核区域（大脑的警报器）被激活。身体开始警觉起来，准备行动，要么逃离当下的场景，要么直面挑战。这一机制下，你能够在这一场景中做出反应，适应乃至征服它，但事情并没有在这里结束。SAM系统的影响还在持续，海马体（大脑记忆中心）等关键决定部位和前额叶皮层（决策过程的"刹车系统"）都会先后受到影响。

SAM系统并不是单独运转的。压力之下，下丘脑也会激活第二条路径——下丘脑-垂体-肾上腺轴（HPA轴），它连接了下丘脑、垂体和肾上腺。这一路径的反应较慢，通常在感受到压力20分钟后会促进糖皮质激素（常被简称为"皮质醇"）的释放。皮质醇是一种类固醇激素，能与肾上腺素一同提升血液中葡萄糖的含量。除了为身体供给能量，HPA轴的激活也给杏仁核、海马体等部位构成的边缘系统、前额叶皮层等带去了变化。实际上，拥

第十章 冒险与压力 173

有糖皮质激素受体的区域都会发生变化。最重要的是，皮质醇导致前额叶皮层中多巴胺大量分泌，从而改变了中脑边缘通路的运作方式。

还需要注意，HPA 轴连接的区域之间同时存在兴奋性和抑制性联结的循环。当你处理压力时，它们会不断进行适应和调整。因为，老实说，举起拳头向前冲并不能解决所有的压力问题。如果压力长期存在，你就需要调整和做出应对，并在日后持续调整。缓慢起效的 HPA 轴就可以实现这一功能。

这两条压力路径会让你保持警惕，做好准备处理各种各样的情况。面对风险决定时，适当的压力和神经化学物质的释放能帮助我们获得动力，提升注意力、工作记忆等认知技能。进行风险计算时，适当的压力也能帮助我们关注正确的因素。这也是我们要给压力找出折中办法的原因。

但是压力过大似乎会适得其反。针对动物和人类的研究显示，重复出现、始终存在的压力会导致严重的认知缺陷，体现在记忆与注意力等方面。二者均是应对风险的重要因素。因此，科学家认为，压力及压力情况下释放的神经化学物质经常会导致更冒险的行为。麦吉尔大学（McGill University）的神经学家延斯·布鲁斯纳（Jens Pruessner）试图通过观察前额叶皮层的活动来解释这种现象。

布鲁斯纳和同事们招募了 50 名大学生，让他们暴露在压力源下，然后扫描他们的大脑，测量他们的皮质醇水平。本次实验选用的压力源是数学心算难题。被试需要完成多步骤演算，比如 $3 \times 12-29$，最难的题目会涉及四位数。被试被要求只能心算，研究还设置了时间限制，尽可能使这一任务让他们感到不适和压力。得出结果后，被试要通过屏幕上的一个老式旋转拨号盘给出答案。你应该可以想象，这种作答方式并不高效。被试必须多次点击按钮才能将拨号盘转到自己想要的数字。作答完毕后，实验并没有结束。被试会收到两条反馈，一条的内容是答案是否正确或作答是否超时；另一条则是得分，包括其他被试的分数。这就为被试设置了知道自己在众多参与者中表现如何的压力。而且，每道题的时间限制也不一样，取决于你完成上一道题的时间。你可以想象，这项实验中的花样太多了，会令被试迅速变得非常沮丧，因此他们的压力系统也会迅速启动。

布鲁斯纳和同事们发现，被试的皮质醇水平上升了。这不足为奇，因为这项任务听起来就让我开始焦虑了——我还挺喜欢数学的。但是，研究者在任务中也发现了一个有趣的现象。大脑边缘系统的活跃度并不像我们预想中那样升高，而是降低了。大脑中与记忆和控制有关的区域内的血流在压力作用下也有所减少。海马体的活跃度与皮质醇水平呈负相关，即皮质醇水平升高，海马体的活跃度降低。

这意味着什么呢？布鲁斯纳告诉我们，边缘系统需要让出一些权力，好让身体应对压力的本能发挥作用，以适应眼前的情况。如果过于依赖过往经验，我们就会浪费太多时间，思考太多东西，错失应对压力（甚至在压力下幸存）的机会。压力会告诉我们不要过度关注记忆与过往经验，停止思考，立即行动。以往的研究也表明，压力对大脑中学习、记忆等区域有重要影响。本次研究与这些研究的结果保持一致。

这意味着在我们犹豫要不要冒险时，边缘系统的确失去了部分影响力，过往经验和情绪的影响力也随之下降。进行风险计算时，我们的大脑似乎忽略了部分相关的数据（或者没有恰当地衡量它们）。如果风险通路中的重要部位没能尽职，我们的大脑就无法获得充足、重要的经验信息，帮助我们做出最佳选择。当我们对压力做出反应时，我们也许有能力更好地应对眼前的事，但这样做可能会牺牲我们的长期目标。

压力如何改变对风险的计算

正如其他的认知过程那样，决策过程也受到压力的影响。很多冒险的决定都是在生理或心理压力下做出的。甚至在很多情况下，做决定这件事本身就令人备感压力。对股票经纪人、警察、急诊室医护人员、消防员和像沃尔特斯那样的特种部队士兵来说，他们的日常工作就是冒险与压力交织的。科学家已经观察到，在压力之下，前额叶皮层和中脑边缘通路的其他关键部位会发生变化，那么这些变化又会如何影响我们的风险认知呢？

1979年，普林斯顿大学（Princeton University）的著名心理学家丹尼尔·卡内曼和同事阿莫斯·特沃斯基（Amos Tversky）发现了决策过程中的一种偏见——"反射效应"。两人认为，人们在面对涉及损失的决定时更倾向于冒险。比如，你面临着一个选择：要么拿走 50 美元，要么赌一把，有 1/3 的概率赢得 150 美元。你如果足够聪明，肯定会选择 50 美元。但如果这一选择涉及损失呢？比如，你还是面临着选择：要么输掉 50 美元，要么赌一把，有 1/3 的概率输掉 150 美元。由于人们天生喜欢规避损失，大多数人都会选择冒险，希望自己不会输钱。任务"框架"的小小变化就会改变人们的应对方式。

心理学家一直认为，这是压力改变认知的一种方式：打乱中脑边缘通路原有的制衡。布鲁斯纳和其他人的研究也都证实了这一观点。压力干扰了更理性的"慢思考"系统——前额叶皮层，减弱了其抑制基本欲望的能力，也干扰了边缘系统的活动，清除了关键的情感输入。当二者都失去作用，大脑会更倾向于做出习惯性的行为。如此一来，我们就不得不重视决定偏见或者决定捷径了。

为了研究压力是否会改变风险决定的"框架"，罗格斯大学的毛里西奥·德尔加多招募了 33 名大学生接受金融决策任务。在开始任务之前，他和同事们先让被试进行冷加压实验，给他们压力。这项实验是让被试把惯用手浸在 4℃的冷水中满 2 分钟。

你如果很耐冷，可能不会从这个任务中感到压力。你可能在冰天雪地的时候也敢穿拖鞋出门，因此觉得这种挑战还能应对。但是这个任务可不只是忍受寒冷。把手浸在冷水里会让你产生生理上的不适，但你可以选择早点儿把手拿出来，因此在那 2 分钟里，你的内心也在斗争，以抵抗这种不适。因为这项实验不仅需要你忍受寒冷，还引起了你内心的斗争：到底是按照指令泡 2 分钟的冷水，还是提早把手拿出来？这两个因素相结合，会使被试感受到的压力急剧上升。

冷加压实验后，被试需要在特定金额与博弈游戏中做出选择，其中包含多项实验，有些涉及赢钱，有些涉及输钱。输钱游戏的设置可能是：你要么有 20% 的概率输掉 3 美元，要么有 80% 的概率输掉 0.75 美元。赢钱游戏的设置可能是：你要么有 20% 的概率赢得 3 美元，要么有 80% 的概率赢得 0.75 美元。在不同实验中，输赢的概率与金额均不相同，但是整个实验中输钱选择与赢钱选择的次数相同。

毫无疑问，德尔加多和他的团队发现压力源确实在起作用。被试的皮质醇水平升高了。与未参与冷加压实验的人相比，参与冷加压实验的人在输钱选择中往往会做出更冒险的决定。德尔加多认为这与此前的观点一致。压力激素（皮质醇）向中脑边缘通路中释放大量多巴胺，从而减弱了前额叶皮层的活动。前额叶皮层无法像往常一样控制决策过程，因此感到压力的人们更依赖低级的大脑系统做决定，尤其是习惯与偏见。

"这一实验中令我感兴趣的是，在压力情况下，冒险行为并没有全面增加。这主要取决于你的博弈游戏面对的是损失还是收益。面对损失，人们就有偏好风险的倾向；面对收益，人们就有规避风险的倾向。"德尔加多表示。

既然存在这样的影响，那么当我们感到压力时，训练就可以彰显出其好处了。比如，士兵接受了很多训练，因此压力来袭时可以凭借习惯系统迅速反应，持续行动。"人们在军队中会接受高强度的、模拟现实生活中压力情境的压力训练，"德尔加多说，"在这种训练下，当情况变得高压时，训练有素的士兵也可以依靠更为本能、习惯性的行为来对抗压力，而新手则会被压力压倒，无力反抗。"

训练不仅能使你在面对压力时保持专注，还能从整体上减轻压力。毕竟，如果你反复训练如何在高压环境中做出反应，那么你就能逐渐预知事态发展。你开始明白哪些事情是你可以掌控的，哪些事情是你无能为力的，也会积累关于潜在结果的更多信息。你收获了必要的经验，大脑的风险计算器 VMPFC 和控制器 DLPFC 就能够明智地权衡与决定相关的变量。这些经验也会削弱你对自身控制能力的需求，从而减轻压力。正如前文中的特种部队操作员沃尔特斯所说，"你逐渐学会处理压力，不断向前"。

沃尔特斯非常信赖他接受的训练的效果，以及拜其所赐已经成为本能的思考方式。他说，当压力来袭时，他可以求助于自己的经验，否则他可能会犯严重的错误。

"是训练决定了一切。你还必须确保训练确实给了你压力。你要在训练中试探自己的极限，包括设备的、技术的和你自身条件的。这样一来，当出乎意料的事情发生，不论是有战友受伤还是

第十章 冒险与压力 179

要游过的距离超出想象,你根本就不用思考,而会直接去做。"他告诉我。

当他向我讲述他在一次执行攻击任务时受到枪击的故事时,我明白了这种本能反应的重要性。

"你被枪击中了哪里?"我问。我很吃惊,因为我第一次听他讲这件事。

"腿。"

紧接着,我问了一个十分愚蠢,也是我放任想象奔驰后第一个出现在我脑中的问题:"被枪击的感觉如何?"

"感觉很热。不过只是擦伤,并没有伤到骨头。"

"被击中以后,你首先想到的是什么?"

"我想的是,我是否需要一根止血带。"他不假思索地说。

"真的吗?"我预想的第一反应是会咒骂或脆弱地哭泣。

"是的。看起来并不需要止血带。任务结束后,我找了个地方进行了加压包扎,止住了血。一切都挺好,没有大碍,只是擦伤而已。"

他听上去特别冷静镇定。不难想象,在当时的黑暗、危险和寒冷带来的巨大压力下,他也能如此冷静。当压力升高时,前额叶皮层主导的高级别的"慢思考"系统就被关闭,而在训练中培养的直觉和本能占据了主导地位。会是这么简单吗?我试图再深入一些。

"其他人如果也被击中,反应可能会有所不同。他们受伤后可能会慌，可能会想'我被击中了，我不知道该怎么办'，也可能会惨叫起来，而不会像你这样想着自己需不需要止血带。"我说，当然，我说的其他人可能就是我自己。

"这都要归功于我受到的训练，"沃尔特斯说，"接下来发生什么并不重要，你都知道该怎么应对。我接受过大量医学训练，因此如果我流血了，我只会尽力止血。我知道该做什么。处置完伤口，我会继续执行任务。"

他的描述与神经学家的结论一致：压力驱使我们依靠习惯而非缜密的思考来处理问题。当沃尔特斯感受到枪击的灼热感时，他接受过的训练立刻起了作用。他本能地知道应该如何反应。他检查了自己的伤口，努力止血，继续战斗，帮助队伍完成任务。

承压时长与决策好坏

研究人员也研究了压力事件过后的时间长短是否会影响我们的风险决策。时机也许很重要：哪怕训练有素，在压力情况下立即做出大量决定的需求也可能导致糟糕的结果。

还记得吗？压力能够引发两条独立的路径：快速启动的 SAM 系统能够释放肾上腺素和去甲肾上腺素；缓慢启动的 HPA 轴能够释放大量皮质醇。有证据表明，SAM 系统释放肾上腺素，能够在风险情境下促进决策，而 HPA 轴释放的皮质醇会产生相反的效果。为了明确决定的时机是否重要，德国波鸿大学（University of Bochum）的神经学家奥利弗·伍尔夫（Oliver Wolf）决定进行一项实验，在被试承受压力5分钟、18分钟和28分钟之后进行掷骰子游戏，比较他们的表现。

为了使被试焦虑起来，研究者采用了特里尔社会压力测试（TSST），目的是让被试感到压力并释放皮质醇。在15分钟的测试中，研究人员对被试的静脉和心脏进行监测。被试被叫到一个房间，里面坐着三位严厉的评审，放着一台摄像机和一台录音机。评审们告诉被试，他们需要用5分钟准备一段展示，就像工作面试中的那种一样。研究人员给被试发放了纸笔，方便他们组织想法。准备时间结束后，研究人员将纸笔收走，被试开始展示。每名被试都需要进行展示，并努力得到评审的反馈，而评审们在实验之前已经接受过训练，无论被试表现如何都要保持无动于衷的样子。如果5分钟时间还没到，被试就停下来了，评审会提醒他们继续说。评审们会面无表情地说"请继续"，直到被试说满5分钟。

你可能认为这就足以让人感到焦虑了，但就实验而言还不够。演讲结束后，这些参与TSST的被试需要从1022开始以13为间隔进行倒数。如果出错，就得重新开始。实话说，我想不出比这更奇怪的打发掉20分钟的方式了。在这段时间里，皮质醇也会得到大量释放。

一旦被试的压力水平达到一定程度（通过测量皮质醇水平确定），这项实验中的冒险环节就开始了。伍尔夫要求被试在电脑上玩一个掷骰子游戏，简单来说，他们需要猜出每次掷骰子时哪个数字朝上。但他们可以调整自己的赌注：赌注为 1000 美元时，被试只能下注 1 个数字；赌注为 500 美元时，被试可以下注 2 个数字（只要其中一个出现就算赢）；赌注为 250 美元时，被试可以下注 3 个数字；赌注为 100 美元时，被试可以下注 4 个数字。如果骰子上的数字与下注的数字一致，被试就可以赢得相应的金额，否则就要输掉同样的金额。所以，冒的险越大，输赢的概率就越大。他们最终赢得多少钱将取决于他们能否在多次游戏中明智地下注。

研究者将承受压力时间不同的三组人员在博弈游戏中的表现进行对比时，发现时间确实有影响。承受压力 28 分钟后开始冒险任务的被试更容易冒险，为了赢取 1000 美元只下注 1 个数字；而另外两组分别承受压力 18 分钟和 5 分钟就开始任务的被试显得更加保守，选择用胜率大但赢钱少的方式。最终，后两组赢得了更多的钱。伍尔夫认为，受到压力后，SAM 系统释放的肾上腺素、去甲肾上腺素等化学物质能够帮助我们更好地做出决定。但 HPA 轴和皮质醇参与以后，我们做出不明智决定的概率就会上升。说到压力与冒险的关系，时机似乎是一个重要的因素。

承压上限因人而异

我们讨论过，并非所有压力源都会被平等对待。一种压力源的神经生物学影响可能与另一种的相差很大。不同情境也会引发不同的反应。我们知道，压力会触发大脑中的两条路径，从而改

第十章　冒险与压力　183

变我们认识和实施风险决定的方式——边缘系统会被弱化，我们会更依赖习惯与训练做出反应。我们已经看到，做决定的时机也很重要——承受压力的时间越长，我们越容易冒险。但是，还有一个重要的问题亟须回答：我们需要多少压力才能做出最优选择？多少压力算过度压力？

当我问德尔加多这一问题的时候，他笑了，"多少压力算适量，多少压力算过度，这个问题因人而异。对有些人来说，每天一丁点儿压力就算过度了，就像作业的截止日期带来的压力一样；但对有些人而言，压力必须达到一定程度后他们才会有所动作，比如有些人会等到不能等了才开始赶作业。这的确取决于个人。"

这些个体化差异在风险决定中尤为重要。知道自己属于何种冒险者有助于我们考虑压力与冒险的关系，有助于我们理解究竟是急剧的还是慢性的压力更有助于推动我们冒险（或促使我们规避冒险）。

比如，德尔加多指出，军人面对的压力可能比很多普通人多得多（不论是否接受过足够多的训练）。当我和沃尔特斯共进晚餐时，我意识到，尽管压力能够改变我们应对风险的方式，这种机制在不同人身上的运作方式却是不同的。我觉得我和沃尔特斯就处在压力跷跷板的两端。我不确定他什么时候会遇到超出他控制能力的事情，不确定这种情况是否可能发生。然而，我很容易因为工作快截止了或者要准备晚餐而感到沮丧。当我告诉他我和他多不同的时候，他耸了耸肩，对我说，应对风险仅仅与良好的管理能力有关。如果你问他,他肯定会告诉你,只要不断训练,周密计划,就能应对好风险。

"我认为我们能接受更多的风险,是因为我们就身处一个处处是风险的环境中。你可能已经对冒险免疫了,因此别人认为是冒险的事,你并不觉得有多大风险,"他说,"我就不觉得我冒过那么多险,真的。"

"你跳过飞机,解救过人质,你做的很多事在大部分人眼里都很疯狂。"我回答。

他看上去有些恼怒,不过他叹了口气,决定继续开导我。

"如果我跳飞机这一举动算是冒险,那么其实人类做的所有事都有风险。比如,开车上街也有风险,只不过大多数人不觉得而已,"他解释道,"但我们好好想一想:如果我没背降落伞就跳下飞机,很显然,这举动风险极高,很不明智,我很可能会死。如果我背着降落伞跳下飞机,我死亡的概率就会降低。如果我背着降落伞,而且接受过训练,那么情况会更好。如果我背着降落伞,接受过训练,有专业的跳伞人士检查过我的装备,此前我还进行过一次模拟跳伞来复习学过的技巧,那我就很安全了。如果我们的机组人员还熟悉空降作战技能,那我绝对是安全的。我被保护得很好。把这件事分解,看看其中哪些因素的风险能得到降低,再看看剩下什么,那才是你真正要冒的险。所以,在我跳伞这一举动里,你如果分析了全部因素,会知道其实其中的风险因素很少。"

第十章 冒险与压力 185

他的话有道理。他接受过严格的训练，因此会让我感到紧张的事情并不会让他感到紧张。他充足的经验意味着他能从中吸取教训，只考虑留下的真正的风险。我明白这一点。

他的话听起来很熟悉，他似乎采取了和我采访过的其他冒险者类似的风险管理手段。他充分准备、经验老到，懂得控制情绪与行为。但很难忽略的是，他有些不同之处。严寒、高温、饥饿、跳伞、潜水、枪战和踏上敌方领土对他而言都是家常便饭。他可以长期远离家人和朋友，似乎天然拥有一种很难解释的复原力。或许可以说，他天生如此。毕竟，他是家中第二代特种部队成员了。他家中的男性长期服役，经常从事危险的工作。也许是沃尔特斯的基因构成让他对压力免疫？这绝对是有可能的。

但生理原因并非唯一的因素。就像沃尔特斯拆解风险的构成要素时说的那样，显然，他有幸受过训练。当经验不起作用、大脑"死机"时，他还能依靠训练养成的各种习惯。这些习惯帮助他以最佳方式处理压力与风险。不过，我们大多数人也不会为了下一次格斗任务（或者下一次生死攸关的重要决定）而反复训练。

那么，我们普通人应该怎么处理日常压力呢？我们要明白压力如何影响决策过程。当你明白压力能够改变我们的风险认知时，我们就可以努力做出最优选择了。我们要明白，压力会改变我们认知问题的"框架"，令我们更关注损失而非获利。我们要明白，压力会让我们在做决定时走捷径，使大脑的"慢思考"系统——如边缘系统——无法像没有压力时那样提供足够的信息输入。我们要明白，其他条件相同的情况下，花时间认真思考再做出风险决定并不是最佳的方式。最重要的是，我们要明白，如果在某一领域有充足的经验，接受过足够的训练，我们一定要将其利用好。当时间不够时，我们可以依靠本能思考。过度思考往往会让我们误入歧途。

还有，并非所有压力源都是相同的，个体处理压力与风险的方式也不尽一致。沃尔特斯一直强调，由于他接受过严格的训练和进行过精密的计划，在他眼里他的工作并没有太多压力，也不具备太高的风险。

"我觉得我们是这个星球上最幸运的人。我们很幸运能做现在做的事。我们能带着水肺潜水，能跳伞，能引爆炸弹，能去国外。我们能做很棒的事情，我再也想不到比这更好的职业了。"他边说边大笑开怀，"如果我待在办公室里做一份普通的工作，我可能会被这些事吓得要死。因此，不论是在沃尔玛超市运动品柜台上班的店员，还是每天在办公室只做幻灯片的白领，他们都是勇敢的人，是真正的冒险者。他们的冒险就是度过痛苦无聊的生活。在我看来，这种冒险很糟糕。"

无论我是走在回家路上还是在某个夜晚对着电脑屏幕打字，这都是一段我要好好琢磨的话。

第十一章　冒险与失败

我身上有一个很有趣但也不足为奇的特质：我特别讨厌失败。

我是个很好胜的人，讨厌失败可能是这种性格造成的。我真的很讨厌失败。即便是微不足道的失败也能对我的自尊造成打击。（实话说，做不出食谱上那样好吃的巧克力夹心饼干，就一定意味着我不是一个好厨师、好母亲甚至好人吗？也许并不会，但当我搞到头发上的巧克力酱比放进饼干里的还多，我确实会沮丧地这么想。）而且，对失败的憎恶，甚至是恐惧，的确以最为明显的方式干扰了我的决策过程。面对极有可能失败的冒险决定时，我总是犹豫不决，再三斟酌，过度紧张。不幸的是，生理和心理上的焦虑往往会带来令人失望的结果。

我知道这种感觉很常见。没人喜欢犯错误，尤其是一些不必要的错误。然而，许多人不仅能容忍，还能欣赏自己的失败。这是因为他们深知，失败能提供的学习机会和成功一样，甚至更多。如今，我们身边充斥着大量关于冒险决定带来巨大成功的传说，也许，适应失败是获得成功的重要内容。

想一想你最近读过的名人、著名运动员或公司总裁的成功故事，你会发现，在谈论自己的成功与荣耀时，总有人会谈及自己经历过的惨痛失败。作为一位单身母亲和知名作家，J. K. 罗琳（J. K. Rowling）在《哈利·波特》出版并享誉世界前曾屡屡碰壁；作为苹果公司的精神领袖，已故的史蒂夫·乔布斯（Steve Jobs）在推出广受喜爱的产品前曾被公司辞退；作为圣路易斯公羊队的四分卫和第34届超级碗的"最有价值球员"，库尔特·华纳（Kurt Warner）曾在所谓"运动员黄金期"的几年里被踢出绿湾包装工队，只能在超市里整理货架，没有任何机会在橄榄球场上实现漂亮的触地得分。你或许发现了，大多数光鲜亮丽的成功背后隐藏着不为人知的失败与辛酸。但是，成功者会淡然接受失败。他们似乎有种特殊能力，能从大大小小的失败中快速恢复，特别是其中还蕴藏着巨大风险时。

戴维·巴斯金（David Baskin）是一位神经外科医生，就职于得克萨斯州休斯敦的一家一流的卫理公会医院。他61岁，很友善，也很有威严。30年来，巴斯金一直在做开颅手术。他擅长这种高风险的外科手术，特别是切除体积很大的顽固脑肿瘤。在其他医生处得知手术成功率很小、生存希望渺茫的病人纷纷来求助他。每次准备长达几小时的外科手术时，多年的从医经验使他明白，他很有可能遇到一些棘手的问题，在应对时出现一丝失误都会危及病人生命。

第十一章　冒险与失败

"在神经外科方面，任何事的一点儿小差错都会带来灾难性的后果，"巴斯金对我说，"脊柱手术中的小失误会导致病人瘫痪，大脑手术中的小失误会导致病人中风或者昏迷。在这些外科手术中，一处小失误不仅可能导致病人死亡，还有可能造成比死亡更悲惨的后果。因此，每天早上准备做手术时，我们必须铭记其中的风险。我们必须妥善处理风险，把握好度：太关注风险，我们的工作就会受到影响；不顾及风险，我们就会粗心大意。"

巴斯金能够淡然面对风险和随之而来的错误。听了他的话，我感到很羞愧，我竟然会因为烤饼干失败而焦虑沮丧，这太荒谬了。看来，我们还需学习如何在犯错后及时调整回正常状态。

为了学习这一点，并了解专家在高风险情况下如何应对不确定性，我前往休斯敦卫理公会医院，观察巴斯金对一名中年女性患者做的一台手术 —— 切除一个长在眼睛后方的脑膜瘤。脑膜是覆盖着大脑和脊髓的一层脆弱、透明的膜，脑膜瘤长在脑膜上，发展速度很快。我很感谢医院和患者同意我观察这台手术，观察巴斯金和他的团队如何行动。

当我来到手术室，巴斯金热情地接待了我，接着，在手术室后面的灯板上，我看到了患者脑部的核磁共振成像。即使距离6米远，我都能清晰地看到肿瘤：大片灰色物质中有一块存在感显著的白色物体。走近灯板，我发现肿瘤的图像更加骇人。

"这位患者是因为视力问题来求医的。她一开始只是觉得视线有些模糊，等意识到事态严重时已经近乎失明了。"他对我说，用手指圈出了图像上的肿瘤。

原因很清楚。从核磁共振成像来看，这块肿瘤有葡萄柚那么大，正处于眼睛后方，压迫着视神经和颅神经，阻断了两者的联系，使视觉信号无法从视网膜传递到大脑。如果肿瘤继续发展，患者会彻底失明，出现记忆、注意力和行动等方面的认知障碍，最终被越来越大的肿瘤推向死亡。出于对肿瘤体积和位置的考虑，很多外科医生犹豫是否要切除它。巴斯金认真衡量了手术带来的风险和不切除可能酿成的后果。

"你要相信自己能扭转乾坤，取得好的结果，"他解释道，"如果病人情况危急，即将死亡，那么你会更有动力应对挑战。即便知道希望渺茫，我也要保持乐观，坚信自己会成功。这里的风险不是我自己的，这种神经外科手术会涉及很多风险，只有找到正确的道路，我们才能取得成功。"

在看完病患的病例后，巴斯金认为自己找到了合适的路线。他梳理了大致的诊疗方案，预计手术要花费 7~8 小时，也许会更长，主要取决于手术进行过程中会遇到什么障碍。认真分析患者的图像后，巴斯金和一位执业 7 年的住院医师决定在患者的头顶打开一个切口，小心地把头皮剥离至眼窝部位。医生会在头骨上钻几个洞，然后用骨锯按照洞的位置切断骨头——就像连线游戏一样——移除颅骨，使大脑暴露出来。但巴斯金说，这只是手术的开始。

打开头骨后，医生会切开脑膜，在上面做一个连接大脑额叶与颞叶的切口。这个时候手术会变得有些复杂。肿瘤依附着颈动脉及其分支,切除肿瘤时动脉可能会破裂,导致出血。如果不妥善处理,患者可能中风。同时,肿瘤内也有大量的供血动脉,切除时也有出血的可能。而且,即便能控制出血情况,切除肿瘤本身也并非易事。

"我总说,脑部肿瘤就像大块混凝土包裹着的湿面条一样,"他边说边攥起拳头模拟肿瘤,"神经十分纤弱柔软,就像面条一样;而肿瘤本身很坚硬结实,就像混凝土一样。因此,我们必须把肿瘤一块一块地分解后再切除,同时减少对神经和血管的损伤。这就像一门艺术。"

不过,这台手术中的风险不止于此。巴斯金指着核磁共振成像上患者的鼻子说:"还有一件事需要注意,这个肿瘤的体积很大,已经发展到鼻窦区域。"这意味着切除过程如果出错,脑膜会受损,脑脊髓液会从鼻孔里流出。"这也是一大风险。如果我们不及时干预,导致脑脊髓液流出,患者可能会得脑膜炎,生命垂危。因此我们必须万分小心。"

接着,巴斯金走向手术台,开始准备手术。我有些担心,所有可能出错且出错可能性很大的环节都让我感到焦虑,但是巴斯金看上去依旧镇定自若。

提前规划的重要性

外科手术很有可能成为"灾难性事件",那么巴斯金又是如何淡然应对这些风险的呢？首先，他合理地设定了自己的预期。巴斯金接受过全面的医学训练——4年的医学院学习，7年的住院医师经历，数十年的临床经验——目前还担任外科医师培训项目的领头人。这些经验的积累使他熟练掌握了已知的信息，也让他有能力分析未知的挑战。在这里，经验与准备又发挥了重要的作用。一名好医生能掌握每个患者的详尽信息，并能认真规划手术的每一个步骤。

"我看过患者的检测结果，也看过她的核磁共振成像结果。我认真考虑了患者的病史和身体状况。接着，我思考了如何触及肿瘤。进行这些思考时，我反复问自己：'哪些步骤可能出错？''如果真的出错了，我应该怎么办？'"他告诉我，"随着执业经验逐渐丰富，这种思考方式已经成了我的第二天性。我认为，不管你的经验有多丰富，你都需要在心理上对这些高风险环节有所准备。毕竟这些都是高风险手术，意味着肯定会发生一些预料之外的甚至灾难性的事。你要准备好应对这些风险，也得合理设定自己的预期。你需要在头脑中规划好一条成功的路径。"

巴斯金认为，手术的准备工作就像排练一样，在头脑中反复排练手术步骤可以让他提前进行规划。"手术时肯定会遇到很多难题，面对这么多意料之外的突发情况，你可不能只停留在某一个问题上，而是应该考虑到所有的问题：如果动脉破裂了怎么办？那时我应该用什么夹子止血？如果那种夹子刺破了动脉，我应该用哪种缝线？缝线尺寸不合适怎么办？在头脑里反复预想这些风险需要我们提前规划,预先想到三步、四步、五步甚至是十步之后的事。"

毫无疑问,这些应急计划是由中脑边缘通路中的前额叶皮层实现的。几十年来,研究者一直在探索大脑如何处理错误,以及在发现错误后如何改变行动方式。毕竟,人们为了生存,在决策过程中需要极强的适应能力。如果在风险和未知情况下做决定,人们就更需要灵活性了。我们要学会适应新情况以求生存。

预料之外的结果会导致基底节中多巴胺的大量分泌,但前额叶皮层中的多巴胺水平则会下降。这会向前额叶皮层释放信号,让它停止目前的活动,重新计算风险,转而采取更有益的行动计划。俗话说,重复做同样的事却期待每次有不同的结果,这是不理智的行为,但其实这可能只是前额叶皮层中多巴胺水平过高造成的。研究表明,当多巴胺水平在某些药品的刺激下急剧上升时,人们在发现错误后调整行为、实现改变的能力就会降低,这会导致他们犯更大的错误。

你如何在风险面前避免犯代价高昂的错误呢?似乎还是要回到经验这一话题上。我们通过刻意练习获得经验,令前额叶皮层逐渐成熟,能够恰当地应对不同的情况。巴斯金表示,他们的外科医师培训项目旨在让学生进行大量刻意练习,从而获得经验。其中,学习应急计划是很重要的内容,这样一来,住院医师在遇到紧急情况或者出现错误时就会想到绝佳的解决方案。不论是在手术室还是在办公室,导师们总会问年轻的住院医师:"如果出现了这种情况，你会怎么做？"这些问题的轮番轰炸逐渐让提前规划成为这些住院医师的第二天性，同时也让他们的前额叶皮层逐渐习惯了应对错误和不确定性（而非分泌过多的多巴胺）。当你仅有5～10秒时间做出攸关患者命运的决定时，这种能力极为重要。你要学会在问题面前做出正确的决定。

住院医师清除头皮后，巴斯金加入了手术。他在患者的头上打开一个长长的切口，小心地将皮肤从颅骨上剥下来，就像剥李子皮和撕手机屏幕保护膜一般。我坐在几步外的梯椅上，因为高度，能将开颅的场景尽收眼底。当医生将颅骨剥离，暴露出患者的大脑时，我心中涌起非同一般的敬畏之情。

有意思的是，为了能更好地控制生命中的风险，我一直在研究大脑。现在，我面前就有一个鲜活的大脑，粉色的、闪着光，等着被医生处置。接着，巴斯金切开患者的大脑额叶，恰恰是他自己的这一部位让他成功想出了接下来的行动方向（同时处理着可能遇到的各种困难）。这样的场景让我无法忍受。大脑的褶皱中隐藏着那么多秘密，要是我们都能掌握就好了。

小目标的力量

设定预期和想出成功路径这两种行为都体现了心理学家眼中"小目标"的重要性。巴斯金考虑了手术途中的阶段性目标，考虑了可能遇到的风险和应对措施，通过这种方式想象到了成功的路径。他知道，许多细微而相关的步骤汇集起来就能产生巨大的结果。通过专注"小目标"和可控因素,他就可以知道如何在风险情境下实现最佳结果了。

吃掉大象的最佳方式是什么?答案是:一次吃一口。[①] 几十年来,心理学家认为实现成功的最佳方式并不是关注终点,而是专注实现一个个看似不相关的小目标。把一个个小目标积累起来,你就能实现宏大的目标。小目标指的是"具体、完整、可实现、有一定重要性的目标"。这与匿名戒酒会的信条完全一致。戒酒会会告诉你,你每天需要坚持的只是当天不饮酒,这样一天天下来,你就能戒掉酒瘾,而且也不会被整体难度吓退。一个个小目标的实现,激励着你追求更大的目标。

那么完成小目标是怎么帮你实现大目标的呢?与兴奋程度有关。就兴奋程度与压力和情感的关系来说,它既能促进决定,也能阻碍决定。适当兴奋能够激发能量,调动积极性,使你保持专注。这样一来,你就可以更好地认知和应对风险了。兴奋度达到最佳水平时,大脑的风险处理系统和决策系统仅关注最相关的因素,你就可以依赖直觉和习惯做出决定了。适当的兴奋度能提升你在棘手任务中的表现。不过,任务完成得不理想的人都明白,过度兴奋会干扰我们的表现,阻碍我们实现目标。

关注小目标,就可以让兴奋程度始终保持在最佳水平。看到巴斯金和他的团队在手术室中的表现,我忽然明白了小目标的重

---

① 英语俗语,意为做事要按部就班,不要急于求成。——编者注

要性。实现一个个小目标,能让医生在数小时的手术中保持信心。患者的颅骨被取下后,巴斯金发现她的大脑异常肿大,于是他询问麻醉师用了什么麻醉剂。确认无误后,他放下解剖刀,开始消除肿胀。巴斯金呼叫了一位咨询医生,等待的过程中,他将手术台放低,又升高。

"有时只是把手术台一端抬高就可以缓解肿胀,稳定机体。"他说着,转过头来看着我。这个举动的确奏效了。咨询医生到的时候,患者的大脑已经消肿。巴斯金表达了感谢,露出了满意的笑容,继续进行手术。这样,巴斯金就实现了一个小目标。尽管面前还有许多工作要做,但是这个小小的胜利肯定会让巴斯金感到振奋。

小目标的实现会让你感到自己拥有控制权,让你怀着自己能实现下一个小目标的信念前进。当巴斯金切开患者的大脑时,我懂得了这份专注的价值。脑部手术的实施必须一丝不苟,任何一个举动都需要经过严密论证,因为在手术完成后,你还要将手术部位复原,修复每一个小切口。手术团队进行每一步的时候都要考虑在手术收尾时如何修复。每一个小目标、每一个小步骤都有助于医生们实现最终的目标,使整个手术变得可控,也能帮助他们减轻其中的风险。

在棘手的任务中,专注小目标的做法也能让我们坚持不懈。手术过程中,把大任务分解成阶段性小目标逐一击破的方式会帮助医生不断推进手术进程。手术已经进行了 3 个小时,他们依旧奋战在手术台上。我只是个旁观者，腿都已经抽筋了，巴斯金和其他医生却毫无疲态。尽管遇到了一些预料之外的困难——包括最初的脑水肿、某件仪器的突然损坏以及此刻分离脑膜时血管的意外破裂——但他们一直专注着手头的任务。他们淡然应对每个难题，朝着触及和切除肿瘤的目标努力工作。

巴斯金解释说，一旦触及肿瘤，他们就会把它切成小块，一点点取出。"我们触及肿瘤后会对其进行穿刺，然后把碎块吸出来。这一过程会持续数小时。"他说，"进展很缓慢。但我跟我带的住院医师说过，只要你做手术的速度比肿瘤生长的速度快，你还是会赢。"他说着露出了大大的笑脸。我这才意识到，我已经在手术室里待了好几个小时，手术人员却还没有触及肿瘤。这确实是个进展缓慢的工作。

控制感的力量

面对失败与逆境，自我控制能力对实现长远目标而言也非常重要。研究发现，那些面向未来有长远打算的人做出的选择往往比冲动鲁莽的人做出的更明智（同时也更成功）。这是因为我们生活在一个充满善意的世界里，因此在追求回报的时候，我们需要学会拒绝（至少是拒绝立刻行动）。我们不可能以自我中心、随心所欲，不可能想吃什么就吃什么，想跟谁上床就跟谁上床，想干什么就马上干什么。这对我们自己和周围的人都没有好处。自我控制能力不仅能帮我们保持健康、安全、包容，也能帮助我们在面对挫折时表现得更加坚韧。巴斯金就是一个现成的例子。从错误和挫折中逐渐恢复时，对局面有掌控感有助于我们实现目标。

想象一下，你是一名大学生，还差一门课就可以成功毕业，拿到学士学位。不过，出人意料的是，你收到了一封信，信中警告你期中考试不及格，可能无法毕业。你不及格的原因可能有很多。我们假设你没有认真复习，考试前一天晚上还去参加了派对，因此考试时状态不佳。另一个场景是，这门课的教授告诉班里的同学，他设计了很苛刻的评价标准，只有前5%的学生能通过这门课的考试。这两个场景中的哪个能激励你坚持不懈、努力学习、成功毕业呢？是自己没努力还是教授安排不合理的情况？在其他条件相同的情况下，前者更能调动一个人的积极性，因为在第一个场景中，你有能力改变局面。罗格斯大学的风险研究者德尔加多表示，对结果的控制感在实现目标的过程中扮演着重要角色。

"特别值得注意的是，人们总是想取得控制权，也很抵触缺乏控制权的情况，"他说，"我们进行了实验，测量人们对控制权的重视程度。结果发现，当人们拥有选择权时，大脑中的回报中心会被激活；当人们没有选择权时，回报中心则没有被激活。因此，人们总想着掌控一切，获得选择权，进而贯彻自己的意志。"

德尔加多所说的回报中心就位于基底节。因此，拥有控制权，意味着你在追求目标时可以"踩下油门"。确实如此。我想起今天早上我开车来医院的路上发生的事。休斯敦经常堵车，今天早上也不例外。和大多数出门的人一样，我坐在车里，差不多一动不动地等了 20 分钟。尽管高速上每条车道都没有移动的迹象，但每次看到左右两边的车道露出空隙，我就会立即变道，即便这样做只会让我向前移动几米。而且，大部分司机都是这么做的。面对如此不可控的交通状况，我们都想拥有控制权，哪怕这并不能让我们更快地到达目的地。不过，不断变道能激励我们不断向前，坚持不懈地朝着目标努力。

为了研究这一现象，德尔加多和同事们招募了 20 名学生接受一项在电脑上完成的任务，评估他们达成目标时对待挫折的态度。这一任务非常简单，被试需要用鼠标把一个火柴人拖入三条路中的一条。每条路都代表一定分数，如果被试能成功拖动小人走过这条路，就能获得分数。听起来很简单吧？但是，每条路上会随机出现路障。一个橙色或紫色的三角形会阻挡小人前进。如果橙色三角形出现，那么路无法通过，被试得回到起点重来；如果紫色三角形出现，被试按键盘上的某个键，就有 1/4 的机会清除路障。如果按错了键，被试也得回到起点。这样一来，被试有机会通过多次试错来清除路障。

这一任务的目的在于探究控制感如何影响人们的冒险意愿。当橙色三角形出现时，被试对结果没有控制权，必须回到起点重来。如果橙色三角形始终不消失，他们无论如何也无法走过这条路。然而当紫色三角形出现时，被试有 1/4 的机会清除障碍，到达他们第一次选择的路的终点，这有可能让他们获得最高分。尽管路障的出现是随机的，不同实验中两种路障出现的频率也是相同的，但当被试碰到紫色三角形时，他们会因为控制感而更愿意继续尝试，获得高分；而当他们碰到橙色三角形时，他们坚持下去的意愿并不强烈；当橙色三角形再次出现时，他们大都会选择不同的路（得分也更低）。谁会不断尝试自己无能为力的事呢？这似乎是显而易见的。没有人想冒险，至少理智的人不会。

德尔加多说："重要的是，在追求目标的过程中失败或得到消极反馈时，如果你意识到自己拥有控制权，能够避免重蹈覆辙，你就会表现得更加坚韧，不断尝试。拥有控制权意味着你知道自己该做什么，消极反馈会激励你坚持尝试，更努力地实现目标。"

因此，我在高速上不断变车道的行为实际上是在自助，即便我知道这么做并不能让我快点儿到达目的地。为了能早到医院，我坚持不懈地尝试，而不是待在一开始的车道上打个盹（我也不是没想过在路边停车休息一会儿）。那么，面对如此棘手的任务，大脑中的哪些部位在起作用呢？德尔加多和同事们对被试进行了功能磁共振成像扫描。

过往的研究发现，消极结果会导致中脑边缘通路的活跃度降低。不过布朗大学的神经学家迈克尔·弗兰克认为，消极结果和积极结果都可以促进大脑的学习过程。

为什么这一点很重要呢？多巴胺水平会影响我们处理风险的意愿。弗兰克表示，基底节似乎无法在决策中对积极结果与消极结果进行整合，它会将二者分开储存在纹状体的不同通路中。纹状体是基底节中负责对价值进行编码的关键部位。大脑中多巴胺的水平决定了你在进行风险计算时更关注回报还是损失。

"如果多巴胺水平很高，你会基于回报做出决定，而不在意可能出现的损失。较高的多巴胺水平会激活代表风险的通路，促使你冒更多险，"弗兰克说，"如果多巴胺水平较低，你就会更倾向于规避风险，因为大脑会更关注潜在的消极结果。"

比如，如果在大鼠拉下杠杆后对其进行电击，大鼠基底节中的多巴胺水平就会下降，它会很快意识到，不能拉杠杆，也不能靠近它。但是，如果在电击的同时给予它奖励（某些药物或糖块），它的多巴胺信号就会出现混乱，就需要作为风险计算器和管理器的前额叶皮层对其进行分类。如果大脑中的多巴胺信号混合得恰到好处，大鼠就不会"踩下刹车"，而是会继续尝试拉下杠杆，尽管会遭受不舒服的电击。

人类也是如此。实际上，当德尔加多和同事们观看被试的脑部活动时，他们也发现了同样的现象。当被试碰到无法控制的橙色三角形时，纹状体的活跃度降低，发出停止信号。当被试碰到可以控制的紫色三角形时，前额叶皮层的活跃度出现更明显的下降——在这个处理风险过程中的"刹车"部位发生的变化充分体现了被试面对障碍是如何坚持继续尝试，试图得到高分的。事实证明，拥有潜在的回报和控制权的事实会更加振奋人心，能够调动人们的积极性。

"我们看到的是，意识到困难可被控制后，纹状体中消极反馈活动的减少引起了行为的改变，"德尔加多说，"这让你坚持下去，是一种对行为的负强化。"简单来说，能够重新挑战、控制局面的想法抵消了基底节中的消极反馈，松开了"刹车系统"，推动你追求自己的目标。

看着巴斯金和他的团队做手术时，我想到了德尔加多的这项研究。手术已经进行了数个小时，当住院医师小心地切开大脑，试着触及肿瘤时，他不小心刺破了血管。他抬起头，看了看巴斯金。巴斯金注视着显微镜，以更好地观察出血情况，"哦，你看，她出了很多血，"他平静地告诉我，"我们要找到出血口，尽快修复。"

巴斯金推开住院医师，接管了手术台，获得了控制权。他开始在显微镜和住院医师的协助下仔细查找出血点，烧灼血管附近的细微区域。巴斯金一开始就告诉我，手术中大概率会出现血管破裂、出血的情况，因为这种肿瘤的特点就是容易黏附血管，扭曲血管的形状，并从中吸收营养。

"出血实际上并不严重，只是在显微镜下看比较夸张，"他说，"不过我们要抓紧修复。"几分钟后，他找到了准确的出血点。止血后，他望向团队，说："我们需要新计划了。"他向我解释道："现在这种接触肿瘤的方式并没有奏效，我们需要改变策略，以防出血状况再次发生。"

其实，出现出血状况后，巴斯金和他的团队本可以叫停手术。血管破裂并非小事，后续可能引起一系列麻烦。出现这种情况后，有些医生会停下来，改天再继续手术。但显然，巴斯金碰到的是可以控制的紫色三角形，他知道自己能够掌控局面。他有能力进行止血，也有经验换种方式切除肿瘤。他可以通过调整自己的行为成功完成手术。因此，他坚持继续手术。我认为这就是巴斯金的病人——尤其是眼下这位女性欣赏他的地方。

失败提供的宝贵经验

巴斯金告诉我，世界上最成功的外科医生对自己的能力深信不疑，但他们会用一种健康的恐惧和对每日工作的尊重去平衡这种自信。"这听起来有些矛盾：你既然很自信，又如何保持恐惧和对职业的尊重呢？但经过训练后，你是能做到这一点的。外科医生这份工作要求你每天都要考虑到所有事，考虑到哪里可能出错，同时也要确信不论发生什么自己都能处理妥当。对自信、恐惧与尊重进行平衡能使你做好心理准备，并总能带来成功。"

巴斯金"总能带来成功"的说法让我有些震惊。但是，不论医生的医术多么高超，外科手术中最坏的情况可能且确实会出现。失败的情况会发生。今天，巴斯金的团队在切除肿瘤的过程中遇到了许多困难。巴斯金一开始就告诉过我，手术过程中有可能出现各种问题、失误、不可控因素、意外事件，这些因素可能导致病人死亡。

巴斯金仍然记得自己身为住院医师时第一次手术失败的经历。"我在做一台动脉瘤切除手术，患者几乎昏迷。如果不接受这台手术，他必死无疑。当我们在肿瘤上打开一个切口时，整条血管破裂了。那条血管已经没有完好的部分了。我们没办法夹住它，只能快速缝合，然后病人就中风了，"他说，"我记得那个时候，我的嗓子里有种可怕的下沉感。我汗流浃背，心率飙到了190，我一直在想：'天哪，怎么会这样？'我崩溃了。"

那次失败让巴斯金对接下来要做的手术产生了阴影。因此，他的导师安排他第二天一早继续做一台动脉瘤切除手术。"'你必须重新体验那种情况。手术中总会发生一些不可控的事，但你要学会处理它们，'他告诉我，'因为我们可以从每一次失败中获得宝贵的信息，帮助我们避免下次失误。'"

这些经验帮助巴斯金明白何时应该继续手术，何时需要停止。"有句著名的话：在战场上当逃兵的人躲不过下次战役。如果你在手术过程中意识到，继续进行手术会有危险，那么你就可以叫停手术。这并不是丢人的事，"他说，"在很多情况下，你可以主导这台手术。换句话说，你可能会发现血管太紧了，那你就可以停下手术，先让你的处理方式生效。也许当时你已经切除了2/3的肿瘤，这会缓解肿胀，也减轻了对其他部位的压迫，那么你就可以先停下，一会儿再接着做。如果继续做下去的风险过高，而目前又正处于安全的节点，我就会停下来。中途停止并不羞耻。为病人着想的举动永远没什么可耻的。"

说起来容易做起来难，但巴斯金坚信，有时有些事是可以放弃的。他告诉我，他清楚地记得自己在30年行医生涯中犯过的错误，但他已经学会理智看待这些结果了。"你刚开始工作时，手术失败会让你崩溃；但如果你已经做过1万台手术，只有1次失败，那么想想其他9999次的成功，你多少能感到点儿安慰。"

巴斯金还有一种帮助他进行风险决策的认知工具，那就是自我意识。他的这种工具是"元认知"，换一个普通人更容易理解的叫法："对认知的认知"。强大的元认知能力会使巴斯金意识到失败的可能性，但不会阻止他竭尽全力。他能在错误发生后吸取教训，以在下次做出更好的决定。元认知的神经路径能够影响中脑边缘通路，从而影响我们决定是否冒险。

并非每个人的元认知能力都相同。有些人表现出色，有些人则表现平庸。纽约大学的神经学家史蒂夫·弗莱明（Steve Fleming）试图对元认知能力进行量化评估。他和同事们招募了32名志愿者参与简单的认知选择任务，研究人员会对他们的大脑进行扫描。他们要做的选择很简单：两张黑白照片中哪一张的亮度更高？这两张照片极其相似，仅存在亮度上的细微差异。为了评估元认知水平或者被试的自我意识，被试在进行选择后要回答一个问题：你对自己的选择有多大把握？按1~6的分数给自己的选择打分。

从实验中可以发现，一些人天生对自己的选择充满自信。弗莱明比较了被试对自己准确度的评估与他们在任务中的选择，发现擅长评估自我表现的人与那些不擅长的人存在不同。自我意识强烈的人拥有较多灰质——前额叶皮层中包含神经元及其连接的深色物质，即我们的老朋友"刹车"。除此之外，他们大脑中前额叶皮层与其他脑区的联系也较强。似乎正确看待自己的优劣势能够影响风险-回报通路中的关键部位。但弗莱明也指出，这似乎是个"先有鸡还是先有蛋"的问题：有些人可能天生具有强大的元认知能力，而有些人可能是在积累了大量经验后元认知能力才得到提升的。

当然，巴斯金认为这完全取决于训练和经验——长期的工作经验、应对最糟糕的失败的经历加上对错误的积极反思，就能让你越来越自信。

巴斯金表示，年轻的神经外科医生接受了处理最糟糕的局面的培训。他们经常被变着法地盘问"如果发生某种情况你会怎么做"的问题。这样一来，他们就能在手术室里迅速做出决定了。但是，观察巴斯金在手术室里的表现，再结合我自己的冒险经历，我认为做出明智选择并非仅仅与训练有关，也要依靠先天条件和后天训练的平衡。我们很多人无论接受多少训练都无法拥有巴斯金一样的自我认知能力。因此，是先天条件和后天训练共同帮助我们形成了出色的元认知能力。面对不确定性时，我们就会依靠这一能力，做出正确的决定。

面对风险,随机应变

手术进行到第五个小时,我得有些羞愧地说,我坚持不住了。在巴斯金和他的团队缓慢而坚定地对付肿瘤时,我打算离开了,被接孩子和准备晚餐这种更为庸碌的生活带走了。此外,我还需要泡个澡,休息一下。实话说,我只是旁观就已经十分疲惫了,但巴斯金一直坚持推进,和肿瘤的生长速度赛跑。

我在收拾东西时,让巴斯金第二天早上告诉我手术的进展。在我离开的时候,手术似乎进入了瓶颈。面对如此多的困难,我依然真心为患者祝福,希望手术顺利,也希望医护人员的辛苦付出与坚持得到回报。

第二天,我收到巴斯金的消息。他告诉我,手术过程中的出血状况一直很严重。

"我们遇到了严重的问题,颅内一直在出血,不能完全止住。平时面对这样的情况,就可以叫停手术了,但这台手术无法停下,有两方面原因,"他解释道,"第一,我们可以减缓出血速度,但无法完全止血。如果我们停下手术进行缝合,患者可能死于脑血栓。第二,如果我们不能切除大部分肿瘤,脑水肿的状况将持续存在,危及生命。"

无论选择哪种处理方法,情况似乎都不如人意,于是手术团队又奋战了12个小时。这台预计持续7~8小时的手术最终用了17个小时才完成,过程中患者的输血量达到了21个单位。最终,巴斯金将肿瘤全部切除。"现在病人已经清醒了,能听懂指示,视力也得到了改善，"他告诉我，"尽管困难重重，但结果还是令人满意的。"10天后，患者出院，视力复原。

尽管巴斯金对结果很满意，但这个手术日对他而言不过是神经外科医生生涯中普普通通的一天罢了。他每天都要面对大量的冒险选择，像这种疑难病例也会不时出现。"手术过程中会出现各种波折，我们也会做出各种调整。麻醉师、护士和两名医生都在尽力挽救患者的生命。我们需要团队合作，要做出生死攸关的决定，也不免有沉重的压力。"

在克服了无数困难后，巴斯金最终从挫折中恢复，让手术获得了可能的最好结果。想到达成这种结果需要的从业训练、术前准备、坚持精神、自我控制、应对错误时的自省意识，我就对巴斯金满怀钦佩。但当我向巴斯金提起这些时，他只是耸了耸肩。

"当你努力想要达成目标时，你必须意识到途中的困难。同时，你也要有足够的精力、信心和动力来驱策自己，确信自己能够成功，"他告诉我，"最终，一台高风险手术只不过是一系列的随机应变行动的集合，其实我们生活中的很多事情也是如此。"

他说得很简单，而我必须好好考虑，不论是做脑外科手术还是烤饼干，是否真的如此简单。我们要计算风险，针对各种困难进行一系列明智的调整。为了在逆境中成功恢复，我们需要认真准备，专注"小目标"，提升掌控能力，认清自己的优劣势，别过于在意过往的错误。这样一来，我们判断风险的大脑通路就能和周围的环境保持同步，我们也就有能力（也会受到及时的生理

第十一章　冒险与失败　209

提示）后退一步，把"灾难性事件"放在合适的情境中看待。当然，这也让我们不断学习，不断成长，不断调整，在下一次应对风险时表现得更出色。下一次遇到无法解决的难题时，我需要想起这些——哪怕只是为了烤饼干呢。

第四部分

现在和未来的冒险

第十二章　成为更出色的冒险者

我曾经是一名冒险者,我说过,我还想重新成为冒险者——更优秀,更明智,能够成功平衡风险因素,享受生活、自由和幸福。我采访了科学家和现实世界中的冒险者,想从他们冒险成功的经历中获取实用的经验。我希望这些在实验室和现实世界交界处产生的经验能帮助我在必要时更好地认识和追逐风险。

那么我是否通过这些调查掌握了成为更好的冒险者的真谛?在得克萨斯大学奥斯汀分校的博士后汤姆·舍恩伯格看来,神经科学领域的风险研究需要与现实世界中的冒险活动建立起更深的联系。我曾问他,最好的冒险者需要具备哪些品质,他笑话了我,惊讶于竟有人问神经学家这么实际的决策问题。在我的一再追问下,他终于想出一个未免有些沾沾自喜的答案。

"最好的冒险者不会让自己马后炮,"他告诉我,"可惜,只有在冒过险之后,你才能知道自己是否做出了正确的选择。验证这一点的唯一方式就是过后再看,在你知道一切事情的结果之后。"

尽管这一观点有些站着说话不腰疼的意思，但确实有道理。大部分时间里，我们都不知道自己的冒险能否成功，我们不知道，也无法知道。我们甚至无法确定这次冒险是否值得。这是个很重要的教训。任何决定中都会有风险，也都会有未知的、不可控的因素。我们能做的就是不断冒险，积累足够的知识，然后就能逐渐摸清这些因素，清楚自己是否愿意承担后果。

在和科学家与成功冒险者交谈的过程中，我的确学到了很多知识，懂得了如何成为更好的冒险者。借用动画《特种部队》（*G. I. Joe*）中的一句台词："了解就是成功的一半"。从科学界和现实世界获得的知识告诉我们要如何掌控风险，而不是让风险掌控我们。我们不必总是屈从于风险，而要让风险为我们所用。成功做到这点需要知识、专注力与自省意识。

第一课：重新理解冒险的定义

首先，我们需要正确地讨论冒险。

冒险指的并不是赌博、参与极限运动、购买垃圾债券或进行无保护性行为，尽管这些行为中都蕴含着风险。冒险的定义很简单，它是一种可能导致消极结果的行为或决定。我们必须承认，每一天，我们做的每一个决定都蕴含着风险，不论决定是大是小，是攸关生死还是无关紧要。不论是决定早餐吃什么，还是决定是否接受求婚，都有风险因素。同样，你拒绝缴纳图书馆罚款会有风险，在大型工作会议上大声说话会有风险，谈恋爱有风险，分手也有风险。当然，养育孩子会有风险，走向外面的世界会有风险，待在家里也有风险。风险无处不在。我们必须承认，任何决定都无法保证确定的结果。我们不能假装冒险与自己无关，也不能认为只有专业扑克牌玩家、消防员、青少年、低空跳伞爱好者、非营利组织负责人、企业家、特种部队成员或神经外科医生才会冒险。这种想法将冒险看成了非同一般的行为，甚至将其神化。这些夸张的想法也会阻碍我们做出明智决定。

考虑到我们的日常决定都蕴含着风险，我们——我、你、你的伴侣、你的父母、你的老板甚至某个读第七章时开始咬手指的家伙——都是冒险者。我们每个人都是。虽然我说我曾经是一位冒险者，但我其实从没停止过冒险。即使我想，我也无法停止。尽管我不再跳伞或者环游世界，但我仍在做出各种各样的决定。尽管郊区生活无聊，但我也需要进行基本的风险管理，保持生活正常运转（也避免业主委员会对我产生不满）。因此，尽管与20岁时不同，但我一直是一位冒险者。你也是一位冒险者。我们必须认清冒险的真面目，不再认为它有多么高不可攀。

罗格斯大学的神经学家毛里西奥·德尔加多致力于研究情感和压力如何影响冒险。他非常希望我们知道，冒险是日常决定的一部分。对他而言，只要愿意探索其他做事方式，就算成功冒险。

"当你换了做事方式时，你就可以吸取经验教训了。你会学着调整自己的行为，衡量不同风险造成的结果，"他说，"通过不断冒险，关注长远目标，你就能学会如何做出更好的决定。"

我们中的大部分人都想了解如何做出更好的决定。为此，我们不仅要重新从广义上理解冒险，明白冒险对哪怕最微不足道的决定的重要性；还必须破除把冒险和极端情况联系起来的刻板印象。

你知道我指的是哪两种印象：冒险是不好的，会导致危险与死亡；冒险是好的，会带来荣耀与幸福。我们应该找到一个折中地带。这是因为，科学家逐渐发现冒险并无好坏之分，他们甚至发现冒险是必要的。还记得那句老话"良好的经验来自糟糕的判断"吗？这句话自有其道理。冒险是大脑学习系统的重要部分，引领我们不断打破边界，不断学习，不断适应。固守现状并没有好处。冒险让我们发展潜力，帮助我们不断成长，探索，融入这个世界。它为我们提供了一个平台，帮助我们做出调整，追求生活中我们最想获得（和最需要）的东西。

第二课：承认你无法改变一切

你一旦承认每个人都是冒险者，下一步就是要判断自己是什么类型的冒险者。科学研究和现实经验令我们清楚地认识到，每个人都有独特的生理结构，对待风险的方式也各不相同。正如纽约州立大学宾厄姆顿分校的遗传人类学家杰弗里·K.鲁姆所说，基因构成不同，意味着我们中脑边缘通路的运转机制也不同，因此计算风险的方式不同，应对危险和不确定性的方式也不同。鲁姆称，这些细微的差别导致我们过上了不同的生活。

这也解释了为什么有些人特别喜欢冒险，有些人却极力规避风险。这两种极端中间还有其他各种应对风险的方式。我们做决定时，个体差异对我们认知和应对风险有关键作用。你如果想成为一个更好的冒险者，就必须明确自己的冒险风格是怎样的。你得知道面对风险，自己更想"踩刹车"还是"踩油门"。

我无法改变我的基因构成，这是我父母赋予我的，会伴随我一辈子。他们基因的组合塑造了我的中脑边缘通路，也决定了我与生俱来的冒险风格是像性别或年龄一样无法更改的。为了更好地应对风险，我需要真诚地接受我的先天条件，并提升自我意识。自我意识能帮我们更好地控制风险。这个过程并不复杂。

例如，绿峰咨询公司（Green Peak Partners）和康奈尔大学工业与劳动关系学院（Cornell's School of Industrial and Labor Relations）最近合作进行的一项研究发现，自我意识方面得分较高的人更容易获得总体上的商业成功。商业领导者如果能认清自己的优劣势，在工作中就能更好地控制风险。当然，我也在我认识和喜爱的许多成功的冒险者身上发现了这一特质。拥有清醒的自我意识并非总是那么容易。但明白有些事情——比如你的身份和与生俱来的应对风险的方式是无法改变的，你就能在风险决策中做出更好、更明智的选择。这能帮助你明白何时该放手，何时该努力，帮助你把风险放在恰当的语境下考虑。这样一来，你就能利用风险，实现自己的长远目标。

面对风险，你是冲动鲁莽，还是喜欢仔细斟酌，甚至过于小心呢？你是喜欢寻求刺激、不断探险，还是喜欢待在安全区享受舒适呢？你喜欢新奇的还是熟悉的事物？仔细思考一下你做决定的方式和生活中的模式，判断自己属于哪种冒险者。无论你如何回答这些问题，你都可以成为成功的冒险者。我们都是这样的。但你必须清楚自己的底线和应对风险的本能方式，这样你就能理解某一时刻的"油门"和"刹车"哪个你踩得过猛了。这种自我认知能帮助我们正确对待风险，拉近我们和目标的距离，不论是短期目标还是长期目标。

第三课：明确如何改变

明白冒险的先天因素只是第一步，毕竟我们的基因构成——生理结构并不是凭空存在的。在谈论冒险时如果不考虑存在于我们周围且在需要时能被我们改变的环境因素，得出的结论会是片面的。我们已经讨论过，对环境的熟悉度、社会群体归属、情感、压力和冒险失败的经历都能影响我们的冒险风格。我们无法忽视这些因素的作用，也必须重视它们对我们日常生活中风险认知方式的改变。当然，如果我们能对它们带来的影响有更深刻的认识，就能促进这种改变朝更好的方向发展。

得克萨斯大学奥斯汀分校的鲁斯·波德拉克（Russ Poldrack）一直在研究风险与决定行为。他告诉我，一个优秀的冒险者从不会自以为是或鲁莽冲动。他说："人们常常将冲动与冒险相提并论，但二者完全不同。成功的冒险者思虑周全，准备完善。他们会理智地做出判断，并根据实际情况不断调整判断。成功的冒险者不断冒险，是为了实现长远的目标。相比之下，不成功的冒险者只关注眼前的结果。"

从本质上看，成功的冒险者是优秀的规划者。他们没有不切实际的空想，而是会慎重考虑所有的因素，找到成功的路径。他们专注大局，也知道要想实现宏大的目标，就必须脚踏实地，一步一步完成小目标。他们心态平和，准备充分，只会为实现终极目标冒险。最终，迎接他们的大都是成功而非失败。

我们每个人的能力不同，能掌控的环境因素也不同。因此，我们需要花些时间来思考一下哪些因素能影响我们的决定。这样一来，我们便可以下意识地辨别这些因素，做出正确决定。

准备。成功的冒险者经历过长期、全面的训练，已准备好应对各种突发事件。他们拥有这种能力，是因为获取了必要的知识，可以准确地识别意外情况。他们知道应对不同风险情况的最佳方法，也知道环境中的任何细微变化都会影响他们对风险的评估。他们花费了大量的时间进行训练，因此其应对风险的机制已经成为他们的第二天性。这些学习过程和刻意练习让他们的"快思考"与"慢思考"系统保持一致，指引他们做出明智的决定。

研究人员一次次证明，我们是否冒险，取决于我们对当前行为的熟悉程度如何。如果你身边的人都在抽大麻、飙车或是去印度修行，你就不会认为这些行为的风险难以承受。面对冒险的决

第十二章 成为更出色的冒险者

定时，第一件事应该做什么？熟悉情况，花一些时间做功课，了解这项活动，认清其中的真实风险。

然后，如果你决定要冒险，那就要有意识地进行刻意练习。我们要学会调整思想和身体，以适应眼前的情况。通过反复练习，我们能形成直觉，并可以依赖自己的直觉；我们也能养成决策的惯性与习惯，帮助我们学习、成长，最终做出明智的选择。

社会联系。作为社会性动物，我们无法忽视社交因素对我们如何、何时以及为何选择冒险行为的影响。就算是熟悉度也存在社会因素的影响——如果我们的朋友热衷于做某件事，我们就不容易认为这件事具有风险，哪怕它确实有。我们的社会联系——家人、朋友、同事甚至你在图书馆遇到的那个忍不住想搭讪的迷人异性——都会影响我们做出决定。这些因素或许会夸大回报的重要性，让我们"踩下油门"；或许会用众叛亲离的后果威胁我们，引导我们"踩下刹车"。正如企业风险咨询师默里-韦伯斯特所说，最重要的是，我们要意识到社会群体有可能影响我们的决策行为，这样才能保证社交因素不会对我们的决定造成不利的影响。

面对风险时，我们需要退后一步，尽可能客观地考虑社会联系如何驱动我们。你的社会联系能否帮助你考虑风险决策的所有要素？还是说，它只会让你考虑某些风险变量，因此对你产生了误导？它是否会让你对一切因素一览无余，帮你挑战现状？它是否会让你拒绝一切批评？默里-韦伯斯特认为，我们需要花些时间审视社交因素如何影响我们的决定,这样才能抵消一些消极影响。

情绪与压力。生活有时令人不堪重负,我们需要做的许多与爱情、工作和生活有关的重要决定也是如此。显然,情绪和压力都会影响我们的风险认知。你如果不够兴奋,就会缺乏动力;如果过于兴奋,就会充满偏见,对风险的评估出现偏颇,一味追求回报。幸运的是,很明显,我们都有能力控制自己过度泛滥的情绪。

例如,曾经是华尔街股票交易人员的安迪·弗兰肯伯格在成为专业的扑克牌玩家后,要和公认世界第一的扑克高手菲尔·艾维对抗。弗兰肯伯格并没有感到恐惧或压力。尽管他对比赛(和获胜)充满热情,但他还是借助"慢思考"系统设想了最差的结果。

"艾维是个让人胆寒的对手,他太出色了。和他对抗时,我知道我没有什么顾虑。没有人觉得我会赢。对我来说,跟乔·舒默比赛都比跟艾维压力更大,"他解释道,"如果我输了,每个人都会说:'嘿,表现得不错,你输给了最优秀的选手。'而我自己则会很激动,我竟然可以跟艾维比赛。"

这种自我调节的价值极高——很可能正是这种思维帮助弗兰肯伯格击败艾维,赢得了世界扑克大赛的冠军。考虑过不利因素后,他淡化了自己的情绪,发挥出了自己的最佳水平。有很多方法可以淡化风险因素,科学研究证明,冥想、训练、可视化和深呼吸等方法都可以缓解我们的紧张。即使是简单地写着"放松"一词的提示也是有用的。你可以找出最适合自己的方法。当压力或消极情绪缠身时，我们可以利用认知策略激活"慢思考"系统，从而实现两种思考系统的平衡，帮助我们做出更好的决定。

复原。对未来的冒险行为而言，过去的失败是一份礼物。成功的冒险者总是被失败激励，因为失败意味着他们还没有准备好，会激励他们更努力学习、练习以掌握更多知识。他们知道，失败会让他们获得数据和经验，因此意义比成功只多不少。他们不会因为失败就放弃，而是会设立新的目标。他们设法调节自己对失败的情绪反应，将失败置于适当的情境中，从中吸取教训，以更好地实现最终目标。

我们每个人都有能力这样做。面对错误，我们不能轻易认输。我们要回顾错误发生的具体情境，问自己忽略了哪些因素，或者应该更注重哪些因素。我们不应妄自菲薄，而应该将错误置于与我们长远目标相关的更大的格局中。这样一来，错误可以让我们下一次表现得更出色。

神经外科医生戴维·巴斯金告诉我，外科手术就像生活一样，不过是进行一系列调整的过程罢了。他认为他如此成功的原因之一就是他会调整。我们也可以学会调整。我们需要淡然应对失败和错误，吸取教训，力争在未来进行风险决策时规避这些错误。

我询问低空跳伞运动员斯蒂芙·戴维斯，没能成功跳伞或没能完成攀岩目标是什么感觉。她告诉我："我不认为那算失败，只是还没成功而已。"

当你朝着大目标迈进时，就算遇到各种各样的风险，你也只是还没解决问题而已。意识到这一点就对了。

第四课：采取行动

最开始写这本书的时候，我认为它应该有一个电影式的结尾。我可能会尝试一次低空跳伞，或是预订一次去南亚的生态探险。我可能会被关于冒险的新认知鼓舞，抛开中年人对安全感的追求，开始尝试新东西。当然，如果我真的去冒险了，我相信我的新家庭也会支持，我甚至可能带他们一起去。

没错，新家庭。我离过婚，是一名单身母亲。尽管和新男友认识的时间很短，他的求婚却让我心动不已。几周后，我就开心地——毫无保留地答应了。在外人看来，我可能违背了冒险的黄金法则之一，冲动地做出了决定。很多人认为，我们应该再等一年，甚至更长时间，以确保我们的选择是正确的。他们认为，我没有关注长远目标，一味地"踩下油门"。但在我自己看来，我们都从第一段婚姻中吸取了惨痛而深刻的教训，很乐意将其应用在新的婚姻中。我们明白自己不想在对方身上看到什么，也清楚渴望对方给我们什么。在表示同意之前，我让他对婚姻中我能想到的各种危机进行了演习——从设立生前遗嘱到判断哪些衣服可以放进烘干机。尽管在洗衣服的问题上他还需要我的指导，但在其他方面我们都非常合拍。通过自我认知（在这一过程中启用了

"快思考"系统和"慢思考"系统），我很快就意识到他很愿意和我进行磨合，是个理想的伴侣。我如果拒绝他，反而会冒更多险。因此，就像那些仔细评估过自己和对方手中的牌，凭经验确信自己的牌是所有人中最好的扑克玩家一样，我做出了投入全部筹码的决定。

三个月后，一个身着夏威夷风衬衫、有点儿嬉皮士风格的男人在日落时分的佛罗里达海滩上主持了我们的婚礼。婚礼很简单，除了我们的两个孩子和一对因为看日落而误入的年轻夫妇以外没有宾客。我们拍了照。比起新婚夫妇的，这些照片更像是一个新家庭的全家福。我在冲浪时把裙子弄破了，结束后索性把它扔了。晚上，我们在一家连锁牛排馆吃了晚饭，因为我们忘记预订餐馆了，而这里等位的人最少。我们的花是从超市买的，我也丝毫没想起要准备蛋糕或香槟。不过，在我们的结婚誓言中，我们都提到了我们迈出的这一大步和其中的风险。我保证要将我们此前犯的错看作机遇而非失败。他保证要与我一起尝试新事物，只要是在法律许可范围内的。我们俩都承诺会倾听、关爱对方，为我们的关系而努力。总而言之，我想不会有比这更好的终结我中年危机的办法了。

当然，如果能加入一点儿低空跳伞的成分就更好了，就能给本书一种动作片式的结尾了。但实际上，那种极端的冒险方式并不是我的本心，也不符合我对"聪明地冒险"的认知。我们大多数人的冒险不会涉及低空跳伞、做外科手术或是在扑克牌游戏中下注 1 万美元这些情况。这些只是少数人的选择。对其他普通人来说，"聪明地冒险"通常指的是时不时地走出舒适区，尝试能够帮助你学习、成长并实现长远目标的新事物。我的梦想与极限运动无关，不过确实包含另一些冒险体验，比如组建一个新家庭、写完这本书、多去旅行以及尝试一些（可能很单调的）能让我动起来的新事物。

最佳的冒险并不一定是追求刺激或异域体验。就像德尔加多所说的，哪怕是换一家餐馆吃饭这样的小冒险也具有价值。冒险并非总是关乎生死的决定或涉及数百万的投资，而是关于不断探索、适应、关注和预测未来的。因此，冒险是学习、记忆和生活的重要内容。

我意识到，健康、聪明的冒险行动并不复杂。冒险可以是换一条路上班、试一下市区新开的寿司店、培养一个新爱好、去旅游（就算只是在你家后院）或是结交新朋友。冒险的意义在于挑战自我，积累智慧，促使大脑成为更精准、高效的预测器。冒险的意义在于收集足够多的信息与经验，遇到任何情况都能掌握细节。冒险的意义在于保持头脑清醒，准备好应对各种困难。冒险的意义在于认识到情境的重要性，运用"快思考"系统和"慢思考"系统认真分析大脑收集的数据，做出最明智的决定。

当我审视自我、进行关键性的自我认知时，我发现对我而言，冒险指的不再是跳伞那样惊心动魄的事了。我并不喜欢这种冒险，它们无法让我保持激情，也无法给我早上从床上爬起来的动力。

能够激发我动力的活动包括扩展事业、享受天伦之乐、去新目的地旅行、让我的孩子认识到一项技能的重要性、犯错——但要把错误放入合适的情境中,从而吸取教训,在日后规避错误,实现目标——模仿 P!nk、奋力关掉《法律与秩序》这种肥皂剧和让生活变成我 16 岁时期待的模样。为了做到最后这一点,我会采纳那些成功冒险者的建议,更努力地做出明智的决定,不论结果如何。

我不知道什么会调动你的积极性,但我猜,你只要认真思考一会儿就能想出些答案。"了解就是成功的一半"这句话没错。了解自己和自己最想要什么,知道自己朝目标努力时会受到环境怎样的影响,你就有能力掌控风险,取得成功。

也许是时候摆脱你那些关于冒险的过时看法,更好地审视自我,分辨自己属于哪种冒险者了。当你环顾四周,观察哪些环境因素会影响自己的选择时,也许你应该在生活中再加入一些冒险的可能。看看哪些冒险能让你保持清醒,不断学习成长,实现自己梦寐以求的目标。也许,是时候开始了。

致　谢

怎么开始呢？尽管很多时候，写作看上去像是一个人的努力，但很多人为这本书做出了贡献。恐怕我无法将他们一一列举，以表谢意。

承蒙许多研究者的付出，我才得以写成这本书。他们付出了时间，向我提供了专业知识，甚至让我参观他们的实验室，亲身参与风险研究的实验任务。感谢莎拉·赫尔芬斯坦、汤姆·舍恩伯格和鲁斯·波德拉克，感谢你们愿意与我分享实验数据及其对现实生活中的冒险者的启发。我还要感谢你们让我参与了BART实验，实验中感受到的颤动与兴奋我至今记忆犹新。感谢杰弗里·K. 鲁姆教授提供我用来反驳我母亲的依据，让我能告诉她我并非天生"惹祸精"。还要感谢阿比盖尔·贝尔德，我能和你聊上数小时都不觉疲惫。的确，跟神经学家交流总能激发我的灵感，他们既聪明又有趣。

同时，我也要感谢诸多为本书贡献力量的科学家和研究者，包括克里斯托弗·查布里斯、克雷格·费里斯、丹尼尔·萨尔兹曼、迈克尔·弗兰克、约书亚·巴克霍尔兹、杰夫·库珀、埃姆拉·迪策尔、马文·扎克曼、沃尔夫拉姆·舒尔茨、毛里西奥·德尔加多、安·格雷比尔、托马斯·凯利、贾斯汀·加西亚、玛格丽塔·博林、查尔斯·林姆、斯科特·格拉夫顿、贝恩德·菲格纳、迈克尔·波斯纳、詹姆斯·伯斯利、埃里克·戴恩、露丝·默里-韦伯斯特、马吕斯·厄舍尔、巴里·库米萨鲁克、加雷斯·琼斯、乌尔里希·迈尔、托马斯·希尔斯、舒明、乔恩-加·苏比埃塔、乔丹·格拉夫曼、保罗·斯洛维奇、杰罗姆·卡根、多琳·艾库斯、罗德·杜克罗斯、比塔·穆加达姆和罗纳德·达尔。你们的智慧与友善帮助了我，我深表感谢。

当然，我访问过的冒险者也格外出色。感谢米歇尔、莉娅·戴维斯、斯蒂芙·戴维斯、安迪·弗兰肯伯格、乔纳森、马克·沃尔特斯、约翰·丹纳、盖尔·金和戴维·巴斯金。你们激励着我学会更聪明地冒险。也感谢斯托扬和科瑞恩贡献了他们的时间与观点。

谢谢我的出版经纪乔伊·图泰拉，她一直支持着我。谢谢妮基·本迪拉，她是名出色的编辑，也是我的好友，谢谢她对稿子的建议。感谢本书的匿名评审们，感谢大家的点评与建议（不论与本书相关与否）。我也要感谢苏珊·泰勒·希区柯克、希拉里·布莱克以及国家地理协会的其他成员，让本书成为值得一读的产物。

本书的写作过程着实是种煎熬。我的朋友和家人们给予了我充分的关爱与鼓励，也为我提供了许多洞见。他们也为我准备了红酒、巧克力，还有可爱的猫咪照片。感谢我的朋友：莎拉·罗斯、戴夫·迪伦、海伦·金、丽贝卡·桑德林、艾莉森·巴克霍尔兹、西尔维娅·豪瑟、苏·贝克、朱迪·梅斯、贝丝·拜利、斯塔西·路、TEDMED和"芝加哥点子"团队、切斯特·奇塔、梅根·休斯、苏珊娜·卡哈兰、维多利亚·路斯塔罗特、亚历克斯·乔治、玛妮莎·古普塔、格温·莫兰、珍·辛格、劳拉·莱恩、韦斯特一家、希尔斯一家、吉尔伯特一家和普雷斯-加图一家。同时，我也要感谢推特和脸书上的朋友，你们的支持、观点和对虚拟冒险任务的答案，为我提供了很多启发。

罗恩·洛，不必多言，你是我的依靠。

我最想感谢的是我的家人，你们不仅忍受我写作过程中的消极情绪，也鼓励我努力生活，不管面对什么风险。劳瑞，谢谢你接受我喜欢冒险的真我，即使这事一点儿也不淑女。切特，你的勇气与无畏意味着我们总能一起开始新冒险。埃拉，我一直梦想着有你这样的女儿，我很开心我们能成为母女。

还有，迪恩，我的爱人。为了你，我愿意押上全部筹码。

图书在版编目（CIP）数据

冒险心理学：我们如何摇摆于风险和稳妥 /（美）凯特·苏克尔著；戴楷然译. -- 上海：上海文化出版社, 2022.12
ISBN 978-7-5535-2480-1

Ⅰ.①冒… Ⅱ.①凯…②戴… Ⅲ.①心理学—通俗读物 Ⅳ.①B84-49

中国版本图书馆CIP数据核字(2022)第182212号

THE ART OF RISK: The New Science of Courage, Caution, and Chance
By Kayt Sukel
Copyright © 2016 by Kayt Sukel
Published by arrangement with Kayt Sukel, c/o Black Inc.,
the David Black Literary Agency through Bardon-Chinese Media Agency
Simplified Chinese translation copyright © 2022
by Ginkgo (Beijing) Book Co., Ltd.
ALL RIGHTS RESERVED.

本书简体中文版权归属于银杏树下（北京）图书有限责任公司
图字：09-2021-1093 号

出 版 人	姜逸青
策　　划	后浪出版公司
责任编辑	王茗斐
编辑统筹	王　顿
特约编辑	刘昱含
版面设计	文明娟
装帧制造	墨白空间·杨和唐

书　　名	冒险心理学：我们如何摇摆于风险和稳妥
著　　者	［美］凯特·苏克尔
译　　者	戴楷然
出　　版	上海世纪出版集团　上海文化出版社
地　　址	上海市闵行区号景路159弄A座3楼　201101
发　　行	后浪出版公司
印　　刷	天津中印联印务有限公司
开　　本	889 × 1194　1/32
印　　张	7.5
版　　次	2022年12月第一版　2022年12月第一次印刷
书　　号	ISBN 978-7-5535-2480-1/B.022
定　　价	45.00元

后浪出版咨询(北京)有限责任公司　版权所有，侵权必究
投诉信箱：copyright@hinabook.com　fawu@hinabook.com
未经许可，不得以任何方式复制或者抄袭本书部分或全部内容
本书若有印、装质量问题，请与本公司联系调换，电话010-64072833